中国科技园空间结构探索

吕丹　王振　著

中国建筑工业出版社

图书在版编目（CIP）数据

中国科技园空间结构探索／吕丹，王振著. —北京：中国建筑工业出版社，2016.8
ISBN 978-7-112-19651-7

Ⅰ. ①中… Ⅱ. ①吕… ②王… Ⅲ. ①高技术园区－空间结构－研究－中国 Ⅳ. ①TU984.13

中国版本图书馆CIP数据核字（2016）第185004号

责任编辑：唐 旭 陈仁杰
责任校对：陈晶晶 姜小莲

中国科技园空间结构探索
吕丹 王振 著
*
中国建筑工业出版社出版、发行（北京西郊百万庄）
各地新华书店、建筑书店经销
北京锋尚制版有限公司制版
北京方嘉彩色印刷有限责任公司印刷
*
开本：880×1230毫米 1/16 印张：14 字数：235千字
2016年9月第一版 2016年9月第一次印刷
定价：89.00元
ISBN 978－7－112－19651－7
（29171）

序

半个多世纪前，斯坦福大学校董们提出了“按年限出租而非出卖学校土地”的主张，这原本是在设法解决财务危机，同时又不违背学校创始人遗嘱的双重困境下的权宜之计，没想却意外地催生了影响世界科技发展的硅谷，来自世界各地的聪明脑袋在湾区积聚，他们创立、并不断分裂出新的高科技公司，不断创造着科技史上的奇迹。国际科技园协会主席查查纳特·塞塔兰依说：“有了产业集群就可以把知识进行商用化转移，同时能够把市场需求再重新带回到研发中去，以便使这种循环以可持续的方式进行运转。”这道出了催生科技园发展背后的逻辑。之后，美国硅谷模式在世界许多地方结合当地的国情开始繁衍复制，瑞典西斯塔科学园、日本筑波科学城、波士顿 128 号公路以及中国台湾新竹科技园等不一而足。

由于历史的原因，中国的产业革命比西方发达国家晚了一个世纪，但改革开放后的中国在数字革命领域则较为迅速地跟上了时代。为将科研成果尽快转化为生产力，中国的一线城市很快便加入了科技园发展的迅猛进程。

在北京工作的吕丹先生是中国较早涉及科技园规划设计的职业建筑师，15 年前，北京针对中关村软件园规划设计举办了大型国际招标，在此次国际竞赛中吕丹先生勇夺头筹，一举获得该项目的规划设计权，从此他踏上科技园规划设计的道路，投标连连获胜，已完成了 10 多个大型科技园的规划及建筑设计。如今，他的大部分作品已经建成，少数仍在施工中。在高度竞争的规划设计行业，一位年轻建筑师能取得这样的成就，实在难能可贵。

十余年前，吕丹先生在我院读书时即显现出对宏观问题的关注以及对宏观和微观问题的统筹把控能力，对建筑学学生来说，这种早期萌发的意识和能力是极其可贵的。正是他的这种超强的意识和能力，使其一投入设计实践便在大型设计竞赛中爆发出凌厉的竞争力。

自文艺复兴后出现社会分工，设计与施工行业的分离成为工程界的常态，设计不得不依靠媒介来表达，而抽象的设计媒介使得设计这件事多少有些异化：面对着成百倍的不真实比例、根据由假想的刀切开部分后所余的部分，绘制着本不存在的、被称为平面、剖面的东西，设计的可验证性是一种对建筑师的挑战，而实践是建筑师成长最好的老师。

中国大陆有着与美国、日本以及台湾地区不尽相同的国情和地情，对于科技园这种新生事物，目前尚无既定的理论和方法。美国硅谷有着大量世界上最前沿的新技术研究团队，但其空间结构显然不适合中国的国情。吕丹先生的大作结合自己的实践和国内外众多案例，从建筑密度、中心百分比、建筑组团和配套设施等多个角度系统地总结了与科技园空间结构相关的诸多问题，从个人经验上升为设计行业的知识体系，因而对中国未来科技园的发展具有更加积极的指导意义。

科技园规划设计涉及宏观的规划布局、中观的景观设计，以及微观的建筑设计，三者水乳交融，穿插融合，绝非孤立地分而治之，其间所运用的认识论和方法论正是城市设计之精髓。在当代中国强化城市设计的态势下，本书无疑对于建筑师具有更加广谱的参考价值。

华中科技大学建筑学教授
华中科技大学建筑与城市规划学院学术委员会主任
《新建筑》杂志社社长
《建筑师》杂志社编委
湖北省建筑学会副理事长

前言

科技园作为经济、科技发展到一定历史阶段的产物，近年来，在我国迅速发展，随着政策调整，产业结构升级转型，其产业集聚、功能复合特点更加显著。在科技园的发展历程中，每一时期、每一阶段又呈现出自己的特点，同时在园区的建设和使用过程中也存在一定的问题。信息时代的到来为科技园的发展带来机遇的同时，也面临着人们工作、生活方式的转变对传统科技园区提出的挑战。

半个多世纪前的斯坦福大学的研究园逐渐发展成为我们今天所熟知的硅谷，后来瑞典西斯塔科学园和日本筑波科学城等一批科技园区相继建成，对全球的科技园建设产生了重大的影响，尤其是对我国后来的科技园建设更具有参考意义。15 年前北京中关村软件园开始规划设计的时候我国还没有相应的经验。中关村软件园项目举行了大型的国际招标，笔者即是在此次国际竞赛中获得了该规划的设计权，从此开始了十几年的科技园的规划设计与实践。在早期设计过程中，在我国没有现成经验可循的前提下，在参考国外建成的成功园区的借鉴下，中关村软件园的创新设计使园区建设成为科技园规划建设的成功典范。继中关村软件园规划十年后笔者规划的厦门软件园三期是对国内软件园区十年发展的一个总结，中关村软件园十几年的建设过程，为后来的科技园规划设计积累了丰富的经验。

笔者在科技园规划设计领域已有十几年的实践经验，并想通过本书对科技园的规划设计进行总结，在此基础上，本书以科技园的空间结构研究为出发点，包括笔者规划设计的园区共选取国内 30 个典型案例作为研究对象，通过对文献资料及实地调研材料的整理，依据物质要素的不同布局方式及相互关系，对目前国内科技园空间结构类型进行分类。采用定性与定量分析相结合的研究方法对空间结构类型包含的影响因子进行了详细分析，并结合分析结果提出相对合理的空间结构样式。

鉴于目前国内外的研究现状，本书首先对相关概念进行了界定，然后追本溯源进一步深入探讨了科技园的由来。在梳理国内外科技园发展历程的基础上，多方面、全方位地对我国科技园不同发展阶段的状况进行了详细总结。

通过对科技园影响因子的分析，立足于“以人为本”的设计原则、“尊重自然生态”的理念等多个角度提出了科技园空间规划设计原则，并结合我国产业发展趋势对未来科技园及其空间结构进行预测，提出了新的发展方向及可能性。

最后本书以笔者主创或合作规划设计的一些科技园项目为实例，宏观上展示了中国科技园十几年的发展历程以及空间结构的发展变化。这些案例有些已经建设完成，有些正在分期建设中，而有些仅仅是设计构想，目的是为未来的科技园规划设计提供参考。

目录

第六章 科技园规划设计实例 123

第一章 中国科技园发展历程

20 世纪以来，随着世界经济一体化的发展、产业的升级转型及国际竞争的加剧，高新技术产业和科技园区的发展也掀起新的高潮。1951 年世界上第一个科技园区——美国斯坦福大学科学园（硅谷）建立，在硅谷效应示范作用下，世界各地纷纷建立科技园区。改革开放以后，我国高等教育和高新技术产业迅速发展，在相关政策和产业的激发下，大学科技园在我国逐步建立起来。1998 年，我国第一个大学科技园——东北大学科技园成立，掀起了我国科技园区建设的热潮。

世界范围内科技园区经历了：发展初期（欧美等发达资本主义国家产学研一体的大学模式）、快速发展期（发达国家快速发展，发展中国家兴起）、平稳发展期（发达国家平稳发展，发展中国家快速发展）。改革开放以后，随着我国经济的迅速发展，各种类型科技园区开始兴建。

科技园在不同时期、不同社会发展阶段发挥着不同的角色。21 世纪信息时代的到来，信息交流越来越频繁、越来越快，社会发展呈现多元化，科技园的发展在遇到机遇的同时也面临着挑战。办公楼群与配套用房简单组合的传统科技园已经不能满足新时期人们工作生活的需求，新的生活方式、新的工作思路对科技园区的空间结构布局提出了更高的要求，它更应该是一个适合产业发展、人性化的空间；新兴科技园区不仅仅是工作的场所，更应当是一个可以生活、交流，让智慧碰撞的场所。因而，科技园空间结构是否合理，是一个值得探讨的课题。

对于科技园这一热门话题，包含内容较多，范围较广。本书结合“科技园”概念本身逐本溯源，深入探讨其自身的内涵，探究“科技园”的由来；通过国内外科技园发展现状，对比世界范围内以及我国科技园的发展历程；科技园作为城市的重要组成部分，依托城市存在，不同时期存在的类型不同，同城市的相对空间位置关系也在不断发生变化；同时，科技园的发展受到产业发展模式的影响，结合我国科技园不同时期的发展现状，进一步探讨园区产业与服务的发展模式的类型。

1.1 “科技园”的由来

科技园的产生是经济、科技发展到一定历史阶段的产物，人类生产劳动由最初的农耕时代到今天高度发达的信息化时代，虽然不同时期外部环境不同，但人们对自然的向往、对物质条件的需求以及对工作场所外部环境的需求基本相同。

1.1.1 从传统制造到高技术

自第一次科技革命开创以机器生产代替手工劳动以来，世界范围内经历了三次科技革命，人类社会先后经历了蒸汽机时代、电气时代、电子计算机时代。以“电子计算机信息技术应用”为代表的第三次科技革命，更是加快了全球科技工业发展的步伐，人类社会进入工业自动化时代。2013 年 4 月德国政府在汉诺工业博览会上正式推出“工业 4.0”，以“智能”制造为主导的第四次科技革命拉开帷幕，工业经历了从 1.0 时代至 4.0 时代的发展（图 1–1）。

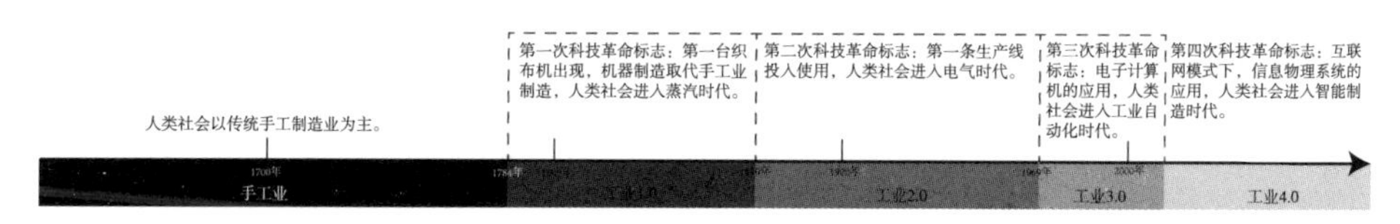

图 1-1 工业 1.0 至工业 4.0（图片来源：作者自绘）

欧美资本主义发达国家自 20 世纪 70 年代以来就把发展高技术产业作为发展经济战略的重点。在高科技革命浪潮的推动下，改革开放以后，随着经济的发展，以邓小平“科技思想”为代表，我国开始加快发展高新技术产业的步伐，从国家“863 计划”明确的七大重点产业，经历了 973、火炬计划至“十二五”规划提出的七大战略性新兴产业，一系列产业政策实施，为科技工业发展、人才培养，科技创新提供了优越的外部条件。2015 年 3 月 5 日，国务院总理李克强在十二届全国人大三次会议上提出“中国制造 2025”及“互联网 +”行动计划，为中国制造业未来 10 年设计顶层规划和路线图，同时也对互联网时代下我国经济科技的发展指明了方向。

科技园区随着高技术的发展而建立，高技术同样在不同的时期有不同的内涵，很难有统一的定义。西方经济学家认为高技术是一个经济概念，知识和技术的比重大于材料及劳动成本。国内学者认为高技术具有明显的战略性、风险性、增值性、渗透性，是人才、知识和投资密集的新技术群，这也是目前国内比较认可的对高技术的界定。

新的产业、新的业态，为大众创业、万众创新提供了环境，为产业智能化提供支撑，为经济发展提供动力。回顾科技工业的发展历程，发展高科技，基础在人才、关键在创新、重点在产业，而人才人性化发展的前提在于良好的物质环境保证。

1.1.2 从田园到科技园

提及田园，人们往往会将其与乡村联系起来，说到城市，浮现在人们脑海中的往往是高楼大厦、快节奏、高科技。田园最基本的功能是为人们提供生活、工作、休闲娱乐的场所。“自然与生产、生活和娱乐为一体的‘田园生活’一直为农业时代的文人雅士所赞美，也为工业时代的人们所向往”[1]。在城市化快速发展的今天，能够在一个具有自然气息、充满田园风光的“园”中工作成了都市人的渴望，于是随着科技工业的发展，现代都市中便出现了工业园、产业园、商务园、办公园等。但是这些园区大多数位于经济开发区、高新区，远离城市中心或者位于城乡结合部，交通的不便、配套设施的不足让工作其中的人们陷入了苦思，这恰恰与大多数都市人们向往农村的自然田园风光的尴尬处境一样，卫生条件差、村庄荒芜、缺乏排水设施、缺乏娱乐。如果能将城市与乡村结合起来，田园与科技结合起来，是不是可以解决以上困惑。

霍华德在《明日的田园城市》中用“三磁铁”理论解决城市和乡村问题时指出“城市和乡村必须成婚，这种愉快的结合将迸发出新的希望、新的生活、新的文明。”[2]1919年田园城市和城市规划协会与霍华德协商，对田园城市下了一个简短的定义：“田园城市是为了安排健康的生活和工业而设计的城镇；其规模要有可能满足各种社会活动，但不能太大……”田园城市的相关理论为城市与乡村一体的发展指明了道路。

1 俞孔坚．高科技园区景观设计——从硅谷到中关村 [M]. 北京：中国建筑工业出版社，2001：12。

2（英）埃比尼泽・霍华德著．明日的田园城市 [M]. 金经元译．北京：商务印书馆，2000：9。

受田园城市启发，科技园作为城市、科技工业发展到一定阶段的特定产物，应始终坚持以满足人的需求、以人为本的设计原则。应当在为人们提供工作场所的前提下，配备有满足健康生活、休闲娱乐的基础设施，相对于城市来说，作为一个小的社区单元在一定程度上可以自给自足，减弱对城市的依赖。

1.1.3 科技园、工业园与产业园

科技园在世界范围内并无确切定义，尚无统一命名，总结起来大致有以下几种叫法：硅谷、科学城、技术园、技术城、高科技工业园、科学工业园、经济特区、经济技术开发区、高新技术产业开发区、高技术产业开发区等，世界范围内第一个科技园诞生于大学校园，有的研究甚至将科技园狭义地理解为大学科技园。根据相关研究，从区域经济发展的角度，本书将科技园定义如下：

科技园是以高科技企业为核心主体，以通过创造局部优化的区域环境，发展高科技实现产业化为主要目的，以协同性创新为内在发展动力的产业集聚区[1]。科技园区通过集聚效应、辐射效应、示范效应、支撑效应等对区域经济发展带来有利影响。科技园是特定历史时期随着经济产业发展的产物，以园区空间为载体进行技术成果转化，具有特定的内涵，呈现出不同的特征。科技园区未来的发展趋势是：分布格局从集中转为扩散，差别化发展日趋明显，规模差异越来越大，功能单一化和综合化趋势双向并存。不同功能分类的科技园区的功能化发展，为园内企业提供了差异化的资源支持，不同功能分类的科技园区在拉动地区经济增长、获得增长极效应过程中所起的作用也是不同的。

科技园定义强调：高科技、产业集聚。从定义层次上来说，只要符合两者要求的园区均可称之为科技园。科技园区别于产业园、工业园，工业园指不特定产业的工业企业聚集而成的园区，产业园以一个主导产业的企业为核心，并聚集该主导产业的上下游配套企业的工业园区。但科技园的界定不能仅仅从园区的命名上加以区别，如：台湾新竹工业园，虽然名称为工业园但却是典型的科技园。若按照功能分类，目前尚无统一标准，科技园分类方式存在交叉、重叠。

1 杨震宁，王以华 . 国内外科技园的优势匹配及操作分工 [J]. 改革，2008(2)：95-100。

1.2 科技园发展历程

由于世界各国经济、科技发展水平差异较大，科技园在全球范围内经历了不同的发展时期。受外部条件的影响，科技园在我国起步较晚，但改革开放以后，随着我国经济、科技水平的提升，科技园在我国迅速发展，经历了不同的发展阶段，各阶段呈现出一定的特点。

1.2.1 世界范围内科技园的发展

《Technopoles of the world：the marking of twenty-first-century industrial》(《世界的高技术园区——21 世纪产业综合体的形成》)，此书原作者是美国加州大学伯克利分校城市与区域规划学教授、马德里自治大学社会学教授——M· 卡特斯尔（Manuel Castells）及伦敦大学研究院规划学教授、加利福尼亚州大学伯克利分校城市与区域规划学荣誉教授——P· 霍尔（Peter Hall），后由李鹏飞、范琼英等译为中文版本。这本书详细地分析了世界范围内典型的科技园区从硅谷、波士顿 128 号公路、日本筑波城到中国台湾新竹等，总结了高技术中心、硅谷、科学城、技术园、高技术城的成败经验，并结合产业及不同国家地区的实际情况提出了系列策略，是一部关于 21 世纪高技术园区的权威著作。

由加州大学伯克利分校教授安娜丽·萨克森尼安主编的《地区优势：硅谷和 128 公路的文化和竞争》一书对造成美国两个主要高新技术产业基地发展差异的社会经济文化因素作了深刻的比较分析，总结了人才、文化的重要性。《科技园的规划、发展与运作》由英国科技园协会编写的研究报告阐述了大学与科技园的关系、科技园硬件建设研究。《国际优秀科技园设计》较系统地对世界范围内优秀的案例进行了讨论。《剑桥现象——高技术在大学城的发展》，是一篇总结剑桥大学科技园的详细报告。《Science parks and university—industry interaction》深入地研究了大学与科技园之间的联系。《硅谷热》详细讲述了硅谷的发展历程、硅谷模式等内容。

1950 年以后，随着全球经济一体化战略的提出，欧盟、自由贸易区的逐步建立，开放的世界使“一国经济”走向“世界经济”，经济全球化促进了经济、科学技术等资源的共享，同时也缓解了社会产业转型的困境。在良好的外部发展机遇下，科技园在世界范围内兴起。受发展条件的限制，最初主要集中在欧美等发达资本主义国家，总体来说可以分为三个阶段（图 1-2）：

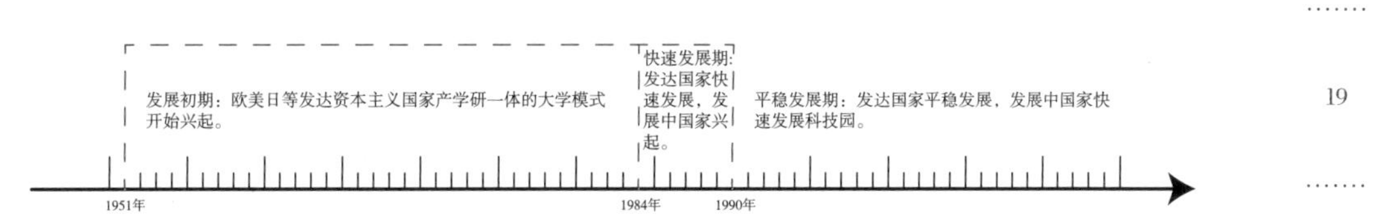

图 1-2 世界范围内科技园的发展历程（图片来源：作者自绘）

（1）发展初期。1951 年斯坦福科学园开创了产学研一体的大学模式，成为世界上第一个科技工业园区，也是美国硅谷的摇篮。此时，大多数科技园区主要集中在欧美日等发达资本主义国家。

（2）快速发展期。到 1989 年底美国已经建立了 140 多所科学技术园区，显然处在世界领先的地位。欧洲一些国家，如意大利、西班牙等国也都建立了不同形式的科学技术园区。当然，在该时期，一些发展中国家和地区，还有一部分新兴工业化的国家也加入到创立科技园区的队伍中来。

（3）平稳发展期。20 世纪 90 年代以后，科学技术园区进入了平稳的发展阶段。随着世界经济发展方式的转变，国际竞争日益剧烈。发达国家加快建设科技园区的步伐，并且在发展过程中对存在的问题进行调整，不断优化高新园区的产业结构。与此同时，越来越多的发展中国家的科技园区进入了高速发展的阶段。

1.2.2 我国科技园的发展

改革开放以来，我国经济快速发展，为适应工业化发展的要求，推动工业化的发展进程，科技园区在全国范围内迅速建立，回顾科技园区的整体发展历程，大体可以分为三个阶段（图 1-3）：

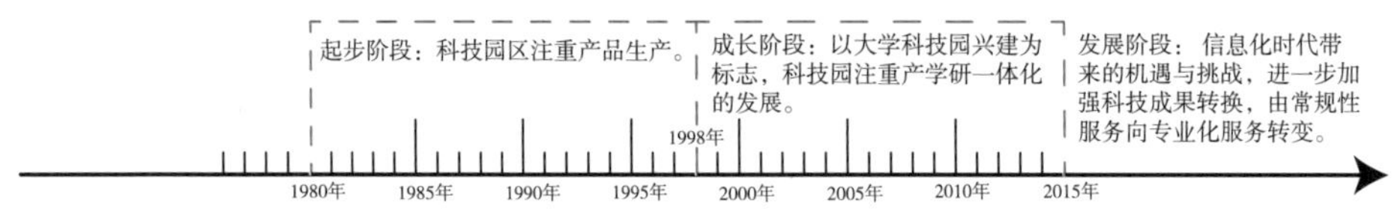

图 1-3 我国科技园的发展历程（图片来源：作者自绘）

（1）起步阶段

20 世纪 80 年代至世纪末，我国经济发展的中心主要集中在经济技术开发区或者高新区，此时主要注重产品生产。在知识经济一体化发展的经济全球化的时代背景下，知识型人才和技术成果成为制约知识经济发展的要素。此时，相比于国外科技园区，受当时我国工业化程度以及市场经济的影响，科学技术向生产力转化的水平较低。我国科技园区的发展缺乏与研究型大学的结合，企业缺乏创新机制与氛围，整体创新科研能力较低。

（2）成长阶段

21 世纪初至今，随着大学科技园的兴起，我国科技园开始注重产学研一体化的发展，开始关注科技成果转换、科技创新及人才的培养。1998 年我国第一所大学科技园——东北大学科技园正式建立，1999 年 6 月 5 日，国务院正式批复科技部和北京市政府《关于实施科教兴国战略加快建设中关村科技园区的请示》，原则同意中关村科技园区的规划，拉开了我国科技园建设的热潮。随着产业的发展，在国家相关政策的支持下，我国科技园发展至今已覆盖国内大多数产业领域。

（3）发展阶段

信息时代的到来在向我国科技园发展提出挑战的同时也带来了机遇，在未来一段时期内，科技园还应进一步加强科技成果转换，着力于从硬件环境向软环境建设并举转变、从常规性服务向专业化服务转变。

总结世界范围内科技园的发展历程，从斯坦福科学园、美国硅谷、日本筑波城、英国剑桥、印度班加罗尔、中国台湾新竹、到我国中关村，可以看出，21 世纪以前，科技园主要注重生产、知识与实践的结合；21 世纪以后，随着知识经济一体化的发展，受信息化的影响，传统制造功能弱化，逐步向先进制造转变，知识和技术成为主要产品（图 1-4）。

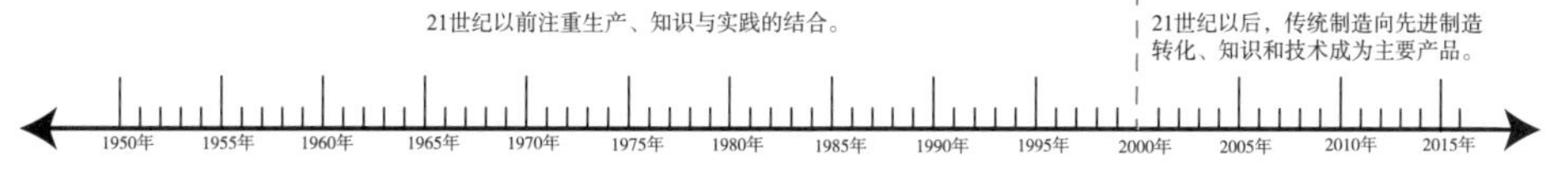

图 1-4 21 世纪前后科技园的发展（图片来源：作者自绘）

1.3 我国科技园不同发展阶段状况

我国科技园的发展受多种因素的制约，不同时期由于受到当时经济、科技水平的影响，不同时期表现为不同的存在类型并呈现出不同的特点。同时，城市的发展在推动科技园发展的同时，科技园自身也影响城市周边的建设进程，科技园与城市的空间关系也在不断地变化中。随着经济实力的提升、产业的发展，人们对工作场所外部物质环境的需求也越来越高，为顺应产业发展，园区服务水平也逐步提升，不同时期呈现出不同的特点。

1.3.1 不同时期存在类型

1978 年改革开放以后，为适应我国经济、工业的发展，我国科技园在不同经济发展时期存在的类型不同，不同时期科技发展、高新技术产业发展依托不同层次的载体与平台。结合经济发展的特点，按照时间先后顺序，科技园的存在类型大致可以分为以下几类（图 1-5）：

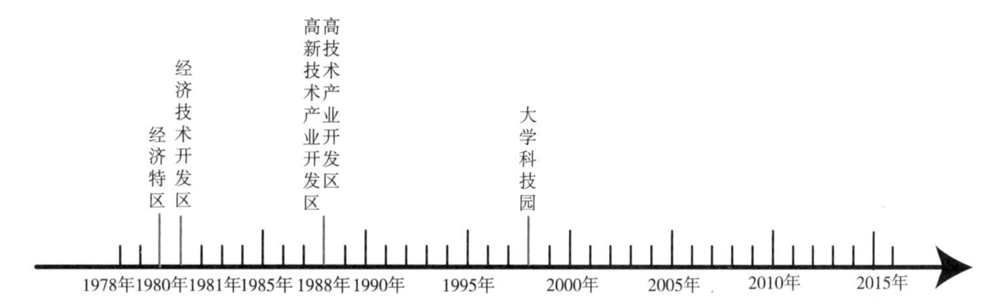

图 1-5 我国科技园不同时期存在类型（图片来源：作者自绘）

（1）经济特区与经济技术开发区

经济特区是我国特有的称谓，是在改革开放后为了集中有效地利用外国资金及技术到本国进行生产，发展贸易，繁荣经济而设置的交通条件比较优越的特别地区，在这个地区推行对外开放政策和优惠制度，是吸收外国投资、实现国际经济合作的一种方式。1979 年 4 月 30 日，邓小平提出创建经济特区；1980 年 8 月 26 日，我国正式设立经济特区，第五届全国人大常委会第 15 次会议决定，批准国务院提出的决定在广东省的深圳、珠海、汕头和福建省的厦门建立经济特区。

经济技术开发区以发展知识密集型和技术密集型工业为主，最初在沿海开放城市设立，后来逐步在全国范围内设立，实行经济特区的某些较为特殊的优惠政策和措施。1981 年，国务院批准在沿海开放城市建立经济技术开发区；1984 年 5 月，我国正式决定开放大连、秦皇岛、天津、烟台等 14 个沿海港口城市，并在这些城市先后建立了 17 个经济技术开发区。此时增加区域经济总量是其直接目标，以外来投资拉动为主，产业以制造加工业为主。

经济特区、经济技术开发区的设立，打开了我国同世界进行经济贸易、科技文化交流的大门，自此我国走向了全球经济一体化的道路。此时科技园区主要以工业园的形式存在，功能定位主要是发展外向型经济，为了满足当时经济增长的目标，解决社会就业问题，科技含量不高，过多注重产品的生产加工，以发展工业为主，位于产业链低端，以低端制造业为主。

（2）高新技术产业开发区与高技术产业开发区

高新技术产业开发区是各级政府批准成立的科技工业园区，为发展高新技术为目的而设置的特定区域，依托于智力密集、技术密集和开放环境，依靠科技和经济实力，吸收和借鉴国外先进科技资源、资金和管理手段，通过实行税收和贷款方面的优惠政策和各项改革措施，实现软硬环境的局部优化，最大限度地把科技成果转化为现实生产力而建立起来的，促进科研、教育和生产结合的综合性基地。1988 年 8 月，中国国家高新技术产业化发展计划—火炬计划开始实施，创办高新技术产业开发区和高新技术创业服务中心被明确列入火炬计划的重要内容。

高技术产业开发区指聚集高技术企业，主要从事高技术研究、开发、产品生产和销售的地区。例如，北京市新技术产业开发试验区是指北京中关村周围 100 平方公里的高新技术产业地带，重庆高技术产业区是指重庆沙坪坝地区 45 平方公里的高技术产业地带。

高新技术产业开发区、高技术产业开发区开始注重科技成果转化。虽然此时科技化程度不高，但是通过与大学或者科研机构的合作，已不再是单纯的工业制造，科技园区得到了超常规的发展，取得了举世瞩目的成就，结合我国的国情，探索出了一条适合我国发展的高新技术产业发展道路。

（3）大学科技园

大学科技园是以研究型大学或大学群体为依托，利用大学的人才、技术、信息、实验设备、文化氛围等综合优势资源，通过包括风险投资在内的多元化投资渠道，在政府政策引导和支持下，在大学附近区域建立的从事技术创新和企业孵化活动的高科技园。

2000 年 1 月大学科技园正式启动，15 个大学科技园被列入第一批试点名单，2011 年 8 月，科技部、教育部共同发布《国家大学科技园“十二五”发展规划纲要》，预计到 2015 年年底，全国大学科技园总数达到 200 家，三级体系进一步完善。大学科技园注重“产学研”一体的全面发展，在人才培养科技创新方面发挥着较大的作用。

尽管各种类型园区在设立之初具有不同的功能定位，以满足不同产业、不同层次园区的发展；但是经过多年的发展，高新区也在逐步走向外向型发展的趋势，现阶段我国各类园区功能差异性越来越小，走向了相互融合的道路。

1.3.2 科技园与城市的空间关系

科技园的区位选择既受到智力资源密集程度的制约，又受到区域经济发展的影响。随着城市的发展，科技园已成为城市有机整体中具有活力的构成要素之一，在科技园与城市的空间关系演变过程中，科技园由早期郊区型转为城市边缘型、城区型，最后又逐步转向郊区型，可以看出科技园与城市的相对空间关系是在不断变化的，总体来说，科技园与城市的空间关系可以分为以下三类：

（1）郊区型

我国科技园成立之初无法完全脱离工业区独立存在，一般建立在具有较好基础的工业园区内。改革开放以来，科技园区一般都远离城市中心，位于城市郊区，此时科技园周边缺乏相应的基础配套设施，园区内部基本没有相应配套设施，给园区工作人员生活、工作带来了极大的不便。

（2）城市边缘型

随着我国城市化进程的加速，城市区域范围在不断扩张，原来的郊区逐步向城市边缘靠近。同时，以科技园为核心的原有郊区范围也在不断发展，市区的边缘距离以科技园为中心的郊区边缘逐步靠近，科技园同城市的空间关系由郊区型转为城市边缘型，此时，科技园推动了周边区域的发展，成为城市发展的重要组成部分。

（3）城区型

随着经济的发展，经济开发区及高新区逐步建立，原有科技园所在的位置成为城市发展的副中心，科技园在推动区域经济发展方面发挥着重要的作用。此时，科技园成为城市的有机组成部分，同城市的空间关系变为城区型，周边配套服务设施不断完善。当然，在科技园建设初期，也有极少数科技园区位于城市中心。

科技园与城市的相对空间位置关系随着时间的推移在不断地发生变化。随着城市的发展，土地资源越来越紧张，原有科技园区为了发展的需要，外迁或者新建园区成为必然发展趋势，此时与城市的空间关系又发生了变化，科技园同城市的空间关系一直处于动态的变化之中（图 1–6）。

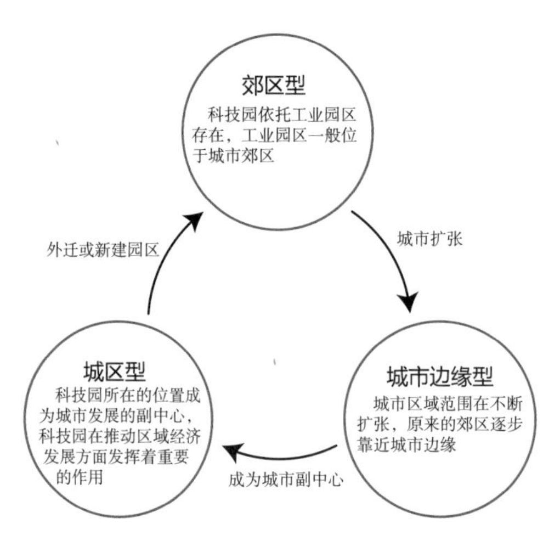

图 1-6 科技园与城市的空间位置关系图（图片来源：作者自绘）

1.3.3 产业与服务发展模式

目前，我国城市的发展仍然受到《雅典宪章》对功能分区概念的影响，将城市分为生活、工作、休憩、交通 4 部分，科技园被看作是制造工业区，往往位于城市郊区，同城市其他功能区域被人为分割，在城市边缘成了孤立的单元，在那里忽视了人的生活需求，直接导致了科技园区居住、商业、休闲娱乐等配套设施的严重不足。结合科技园产业与服务的发展现状，我国科技园的发展经历了以下阶段：

（1）以供给为导向，产业先行

科技园发展初期，受各项优惠政策的影响，园区首期打造生产的容器，迅速做大产业规模，通过后续的服务完善，弥补起步建设的配套服务空白。此时，科技园多以科技工业园区的形式存在，生产与生活分离，人们的工作方式比较单一，存在着相当大的城市问题（图 1-7a）：①以生产为主，位于产业链低端，功能构成单一，企业入驻园区门槛较低；②配套服务不足，园区缺乏人性化氛围，影响城市活力的营造；③园区规划以资源供给为核心，对未来入驻企业特点缺乏长远规划，造成规划的失真和资源的浪费；④园区升级转型需要经历较为漫长的过程，后续服务的完善需要依靠存量用地的再开发或向地下谋求空间。

（2）以需求为导向，产业服务并行

科技园发展到一定阶段之后开始关注人的生活，在产业先行的基础上，开始关注园区人们的需求。产业和服务并重的起步建设模式是指在产业园区的起步建

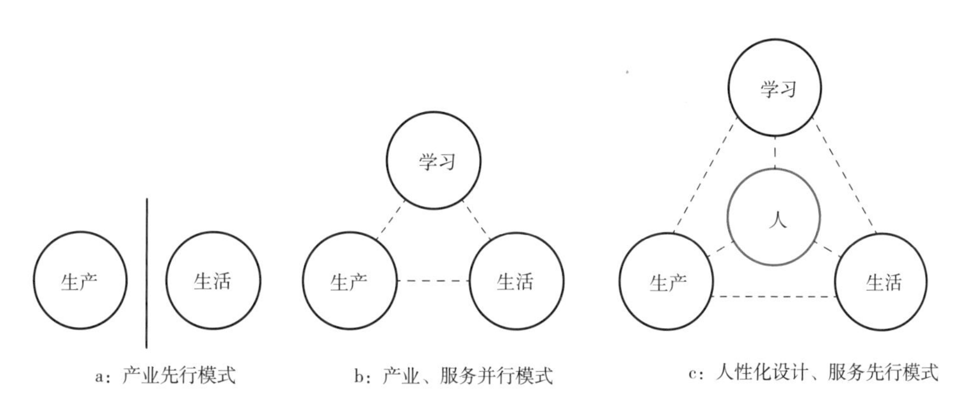

图 1-7 产业与服务发展模式（图片来源：作者自绘）

设阶段不仅建设产业空间，引进生产性企业，同时也建设服务项目，引进生产性服务业（图 1-7b）。这种起步模式适合我国现阶段科技园区的发展，具有以下特点：①生产、研发、服务并重，功能复合；②通过产业集聚效应，可以增强园区的自我发展能力，形成内生式自循环系统；③能够迅速吸引人气，同时提高企业入驻门槛，由产业链低端向中高端发展。

（3）以“人性化”设计为导向，服务先行

随着人们生活需求、工作方式的转变，注重“人性化”设计，服务先行将是未来一段时期科技园的发展方向。服务先行的起步建设模式即先期建设管理服务、生活服务、市政配套等基础服务设施，通过服务的完善吸引高端产业进驻，这种模式完全依据产业，明确内部空间结构布局。以“人性化”设计为原则，采用为企业量身定制的方式，服务体系更加完善，包括前向关联和后向关联、服务与研发、生产融合发展，是一个多功能的综合体（图 1-7c）。这种园区前期投资较大，且有一定风险，不适合我国目前科技园园区的发展现状，适用于高端产业，是我国未来科技园的发展方向。

第二章

科技园空间结构类型

在对国内外科技园资料研究的基础上，结合我国科技园的发展现状，通过查找相关资料，收集案例素材，选取包括笔者设计的科技园在内的我国 30 个科技园进行实地调研，后期对调研材料进行分类整理，发现目前我国科技园空间结构类型存在的共性规律。本书找出典型要素，将科技园分为不同的空间结构类型。

2.1 科技园调研

本书选取国内 30 个案例作为调研分析对象，选取园区位于不同城市，地域分布具有广泛性；园区功能不同，包含不同产业，选取样本具有多样性；园区建设时期不同，能够较好地反映我国科技园从建设初期到目前的发展状况，时间节点具有延续性（表 2-1）。

30 个科技园案例资料整理　　表 2-1

园区名称	地区	建设时间	功能 / 产业类型	总平面图
中关村软件园一期	北京	2001 年建设	软件研发	
中关村软件园二期	北京	2011 年建设	软件研发	
上海浦东软件园郭守敬园	上海	1998 年建设	软件研发	

续表

园区名称	地区	建设时间	功能 / 产业类型	总平面图
上海浦东软件园祖冲之园	上海	2004 年建设	软件研发	
上海浦东软件园三林世博园	上海	2008 年建设（厂房改造）	软件研发	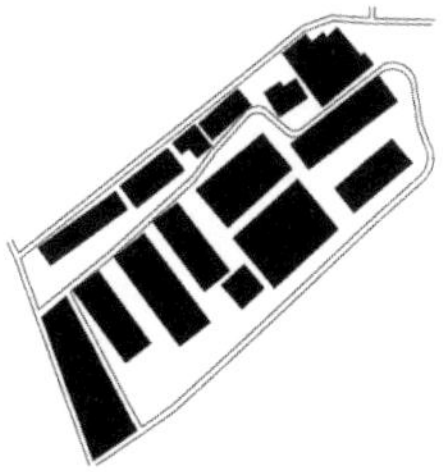
上海浦东软件园昆山园	上海	2009 年建设	软件研发	
苏州国际科技园一至四期	苏州	2000 年建设	软件研发	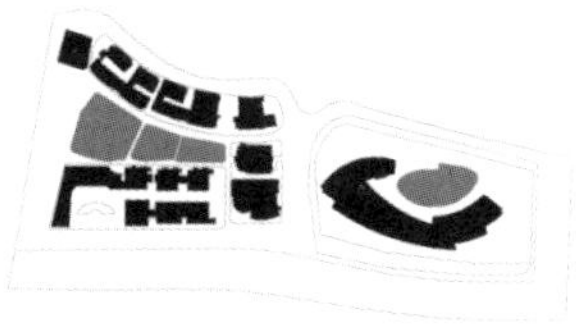
大连软件园	大连	1998 年建设	软件研发	

续表

园区名称	地区	建设时间	功能 / 产业类型	总平面图
光谷软件园	武汉	2000 年建设	软件研发	
厦门软件园一期	厦门	1998 年建设	软件研发	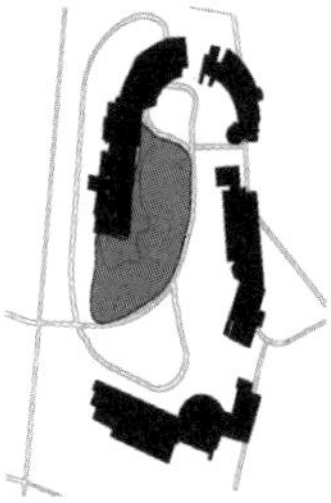
厦门软件园二期	厦门	2005 年建设	软件研发	
厦门软件园三期	厦门	2011 年建设	软件研发	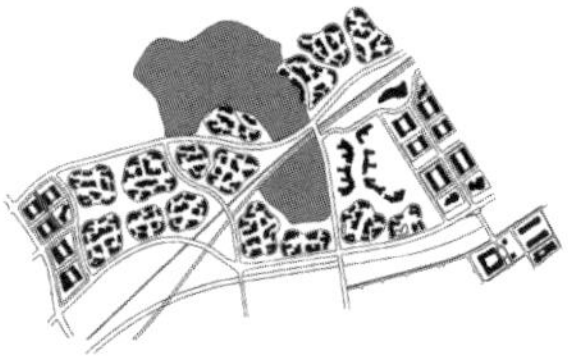
苏州国际科技园七期（云计算中心）	苏州	2011 年建设	云计算	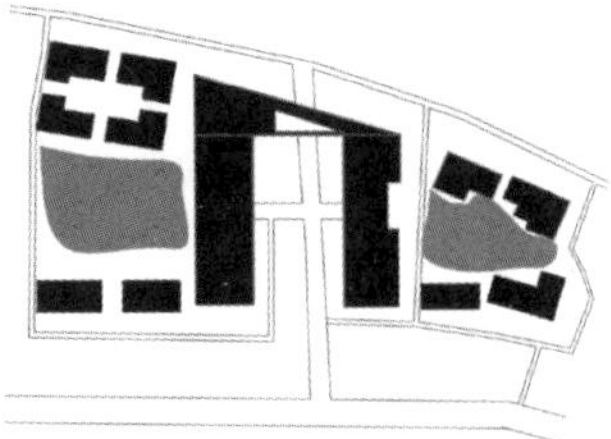

续表

园区名称	地区	建设时间	功能 / 产业类型	总平面图
中关村生命科学园一期	北京	2000 年建设	生物医药	
中关村生命科学园二期	北京	2008 年建设	生物医药	
大兴生物医药基地	北京	2005 年建设	生物医药	
光谷生物城	武汉	2008 年建设	生物医药	
浦江智谷商务园	上海	2014 年建设	商务办公	
上海金桥 Office park	上海	2012 年建设	商务办公	

续表

园区名称	地区	建设时间	功能 / 产业类型	总平面图
滨海信息安全产业园	天津	2013 年建设	海洋科技	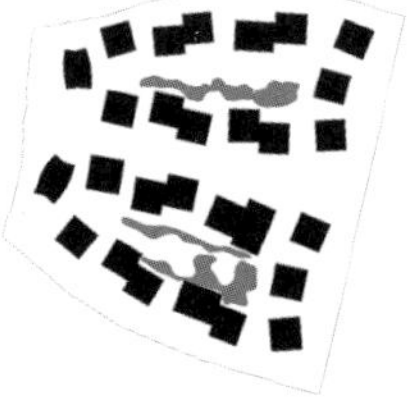
泰达服务外包产业园	天津	2007 年建设	服务外包	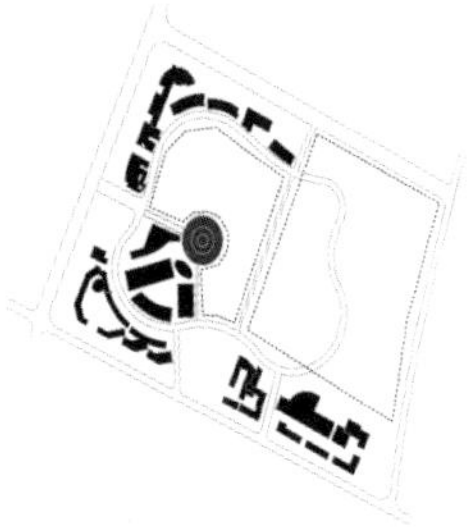
苏州纳米城	苏州	2011 年建设	新型材料	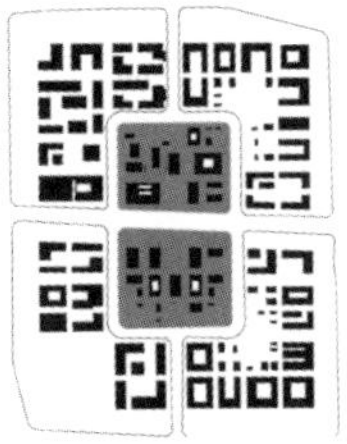
苏州 2.5 产业园	苏州	2011 年建设	2.5 产业	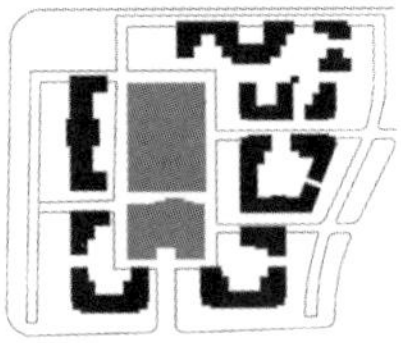
华中科技大学科技园	武汉	2000 年建设	大学科技园	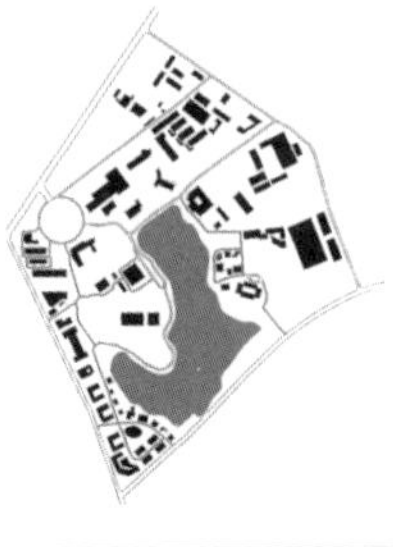

续表

园区名称	地区	建设时间	功能 / 产业类型	总平面图
武汉大学科技园	武汉	2000 年建设	大学科技园	
北京小汤山现代农业科技示范园	北京	1998 年建设	农业	
苏州国际科技园五期（创意产业园）	苏州	2006 年建设	创意产业	

（表格来源：作者自绘）

2.1.1 案例区域分布

受产业结构的影响，科技园作为经济发展到一定历史阶段，科技与工业结合的产物，科技园的发展受到城市化水平的影响。本书选取案例多数位于我国经济较为发达地区，包括：北京、上海、天津、厦门、大连、苏州、昆山、武汉。

其中，选取位于北京的园区案例有：中关村软件园一期、中关村软件园二期、中关村生命科学园一期、中关村生命科学园二期、大兴生物医药基地、北京小汤山现代农业科技示范园；位于天津的园区案例有：滨海信息安全产业园、泰达服务外包产业园；位于上海的园区案例有：上海浦东软件园郭守敬园、上海浦东软件园祖冲之园、上海浦东软件园三林世博园 、浦江智谷商务园、上海金桥Officepark；位于厦门的园区案例有：厦门软件园一期、厦门软件园二期、厦门软件园三期；位于大连的园区案例有：大连软件园；位于苏州的园区案例有：苏州纳米城、苏州 2.5 产业园、苏州国际科技园一至四期、苏州国际科技园五期

（创意产业园）、苏州国际科技园七期（云计算产业园）；位于昆山的园区案例有：上海浦东软件园昆山园；位于武汉的园区有：光谷生物城、光谷软件园、华中科技大学科技园、武汉大学科技园（表 2–2）。

不同城市案例

表 2-2

地点	园区名称	地点	园区名称
北京	北京小汤山现代农业科技示范园	苏州	苏州国际科技园一至四期
	中关村生命科学园一期		苏州国际科技园五期（创意产业园）
	中关村软件园一期		苏州国际科技园七期（云计算中心）
	中关村生命科学园二期		苏州纳米城
	大兴生物医药基地		苏州 2.5 产业园
	中关村软件园二期		
上海	上海浦东软件园郭守敬园	武汉	华中科技大学科技园
	上海浦东软件园祖冲之园		武汉大学科技园
	上海浦东软件园三林世博园		光谷软件园
	上海浦东软件园昆山园		光谷生物城
	上海金桥 Officepark	厦门	厦门软件园一期
	浦江智谷商务园		厦门软件园二期
天津	泰达服务外包产业园		厦门软件园三期
	滨海信息安全产业园	大连	大连软件园

（图表来源：作者自绘）

2.1.2 案例产业结构分布

结合我国不同时期产业发展的现状，选取不同产业案例进行分析研究。21 世纪信息时代的到来加速了软件产业的快速发展，2000 年前后，软件产业快速发展，此时我国兴建了一批软件科技园区，包括：中关村软件园、厦门软件园、上海浦东软件园、大连软件园、苏州国际科技园等。“十一五期间”为全方位承接国际外包业务、不断提升服务外包企业、服务外包产业快速发展，后期随着国家对产业结构的调整，尤其是国家“十二五规划”中指出战略性新兴产业创新发展工程以及“中国制造”的提出，逐步出现以服务外包、生物制药、海洋科技、新型材料、云计算为主要功能的科技园区，包括：中关村生命科学园、光谷生物城、泰达服务外包产业园、滨海信息安全产业园、苏州纳米城、上海金桥Officepark、苏州国际科技园云计算产业园等。

以苏州国际科技园发展历程为例，一至七期经历了：传统研发制造——服务外包——创意产业——云计算，能够较好地根据国家政策调整产业结构。此外，上海浦东软件园一至四期、厦门软件园一至三期也很好地适应产业发展的方向，由最初注重研发生产逐步转变为注重服务与产业并重发展的模式。

2.1.3 案例概况

本书按照科技园建设时期的先后顺序，从园区建设背景、基本概况以及产业等方面对 30 个调研案例概况进行逐一陈述。

■ **上海浦东软件园郭守敬园：** 上海浦东软件园是国家软件产业基地、国家软件出口基地，目前共有 4 个园区：祖冲之园、郭守敬园、三林世博园、昆山园。郭守敬园（图 2-1）于 1998 年奠基开工，作为我国软件科技园建设较早园区之一，相对来说，园区规模较小。

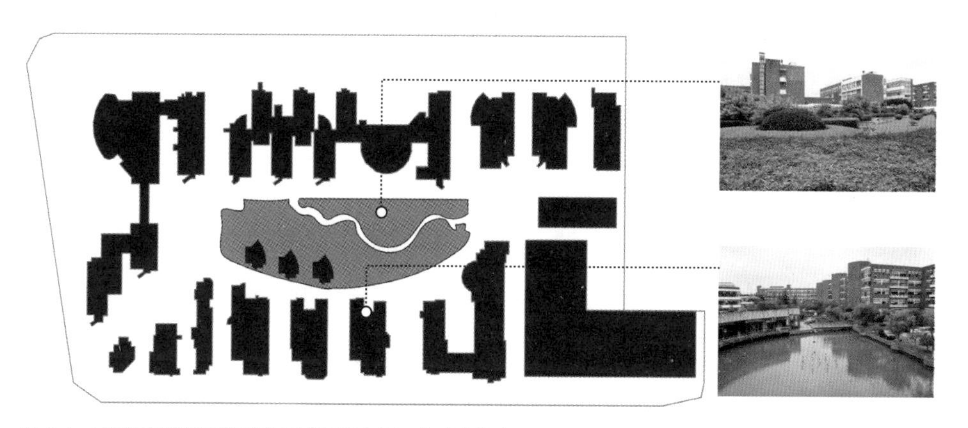

图 2-1 上海浦东软件园郭守敬园（图片来源：作者自绘）

■ **大连软件园：**大连软件园（图 2-2）位于大连高新技术产业园区，1998 年奠基，是大连高教科研文化聚集区的核心产业园区，初期在大连市政府的引导及相关政策的支持下，采用“官助民办”的发展模式，以培养和孵化中小企业为主，园区大部分企业是为日本企业做信息技术外包业务。

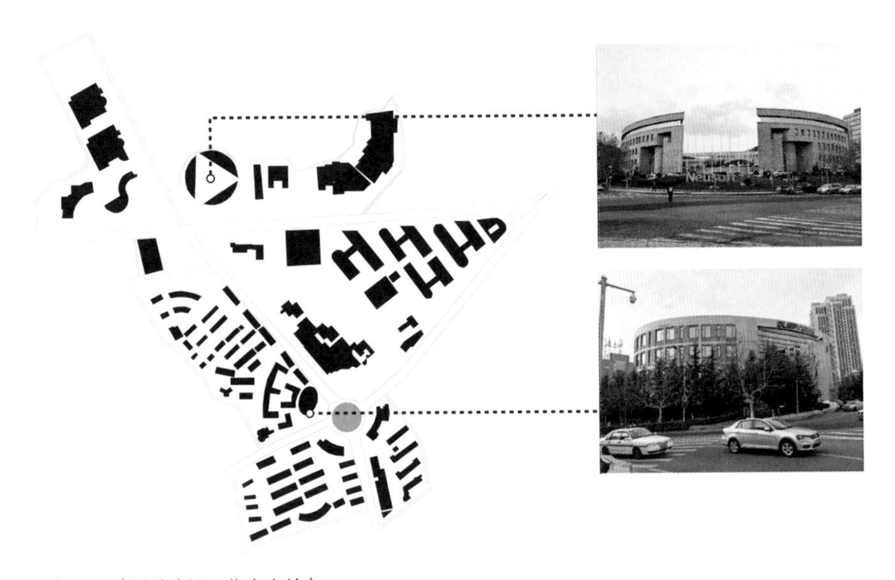

图 2-2 大连软件园（图片来源：作者自绘）

■ **北京小汤山现代农业科技示范园：**北京小汤山现代农业科技示范园（图 2-3）建于 1998 年末，是北京市第一个农业项目规划与小城镇建设规划相统一，由首都规划委员会批准的农业项目，2001 年被国家科技部等六部委命名为北京昌平国家农业科技园区。随着园区的发展，目前园区已经发展为集研发、加工、休闲、旅游、度假为一体的多功能园区，内部包括：林木种苗区、精准农业区、水产养殖区、农业加工区、果品采摘区、休闲度假区、园林园艺区、籽种农业园。

■ **厦门软件园一期：**厦门软件园一期是厦门市为加快推动软件产业的发展而建设的，于 1998 年开始建设，园区定为软件园孵化基地，主要以软件开发为重点产业发展方向，相对来说规模较小（图 2-4）。

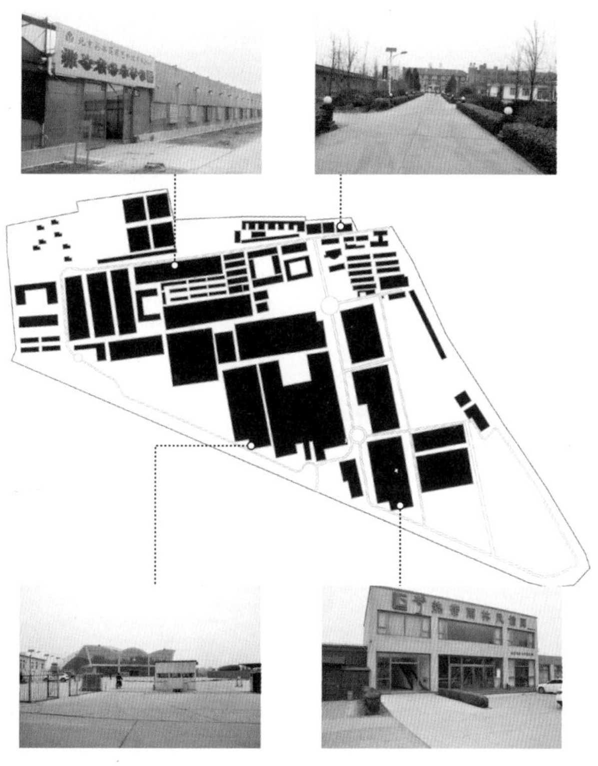

图 2-3 北京小汤山现代农业科技示范园（图片来源：作者自绘）

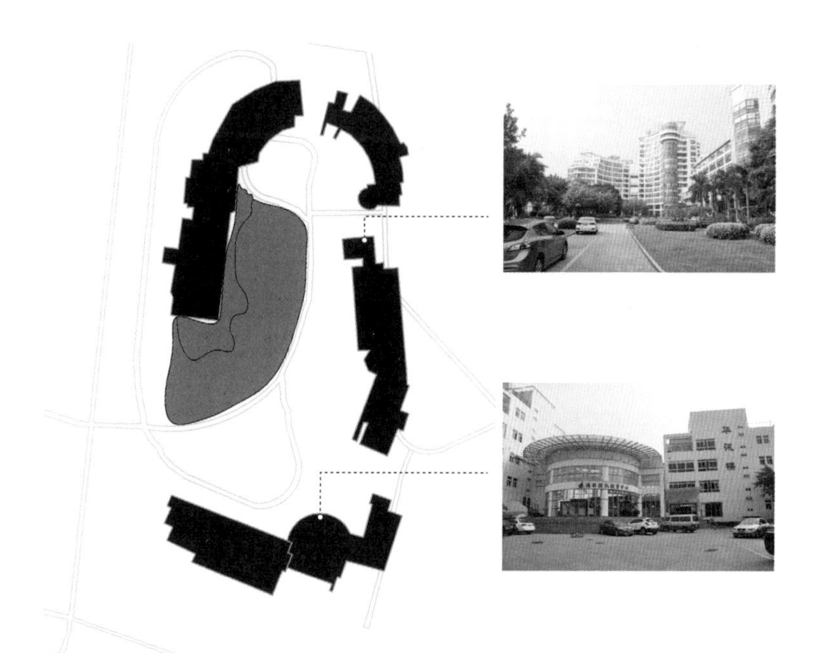

图 2-4 厦门软件园一期（图片来源：作者自绘）

■ **中关村生命科学园一期、中关村生命科学园二期：**作为中关村科技园区的重要组成部分之一，中关村生命科学园（图 2–5）以生命科学研究、生物技术和生物医药相关领域研发创新为主。一期于 2000 年开始建设，主要为研发、中试及孵化基地，为适应国家产业发展需要，二期于 2008 年开始建设，定位为医疗服务及产业化用地。

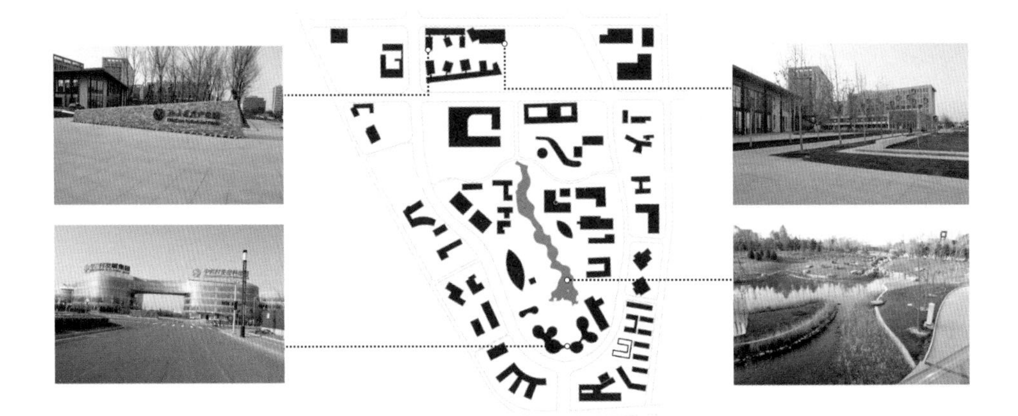

图 2-5 中关村生命科学园一期、二期（a）（图片来源：作者自绘）

■ **中关村软件园一期、中关村软件园二期：**为鼓励科技创新，在 863 及其他国家科技项目中，安排了一大批与软件产业相关的项目，软件科技园得到快速发展。

中关村软件园（图 2–6）依托北京特殊的地理位置，一期于 2001 年开始建设，由于北京市土地优惠政策及“低门槛、重扶持”的园区服务政策，园区投入使用后中小型规模的软件类、电子类企业相继进驻园区。随着时间的推移，原有的孵化器已经不能满足园区的发展要求，土地使用方式也由租赁转变为购买，一期用地紧张起来，2011 年开始建设二期。

■ **苏州国际科技园一至四期：**苏州国际科技园一至四期（图 2–7）是苏州国际科技园最早开发建设的区域，于 2000 年开始建设，以创造企业孵化为发展目标。

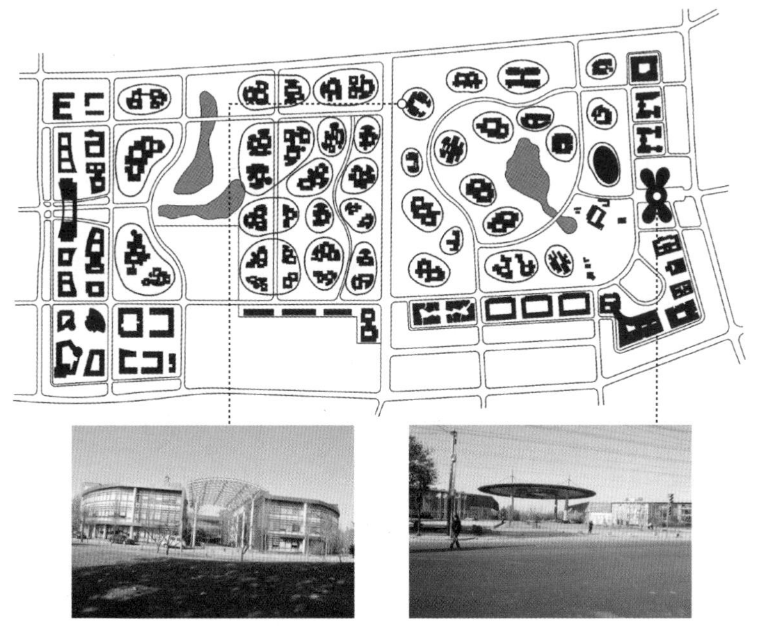

图 2-6 中关村软件园一期、二期（b）（图片来源：作者自绘）

图 2-7 苏州国际科技园一至四期（图片来源：作者自绘）

■ **光谷软件园：**光谷软件园（图 2-8）为我国中西部最大的软件研发及服务外包产业园之一，于 2000 年开始建设。

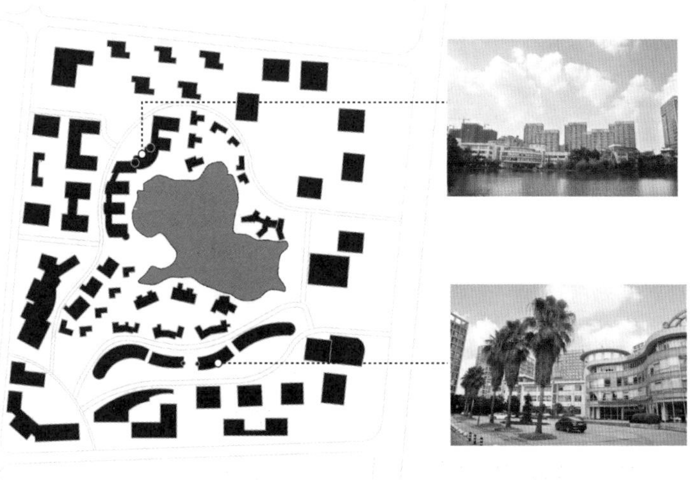

图 2-8 光谷软件园（图片来源：作者自绘）

■ **华中科技大学科技园：**华中科技大学科技园（图 2-9）作为 863 计划产业化基地之一，于 2000 年开始建设，在促进高校成果转化，产品孵化等方面发挥了较大的作用。

图 2-9 华中科技大学科技园（图片来源：作者自绘）

■ **武汉大学科技园：** 武汉大学科技园（图 2-10）于 2000 年开始建设，结合国家政策及产业发展方向，依托高校学科优势，主要目的在于促进科技成果转化及产业化，重点发展生物医药、电子技术及新材料等。

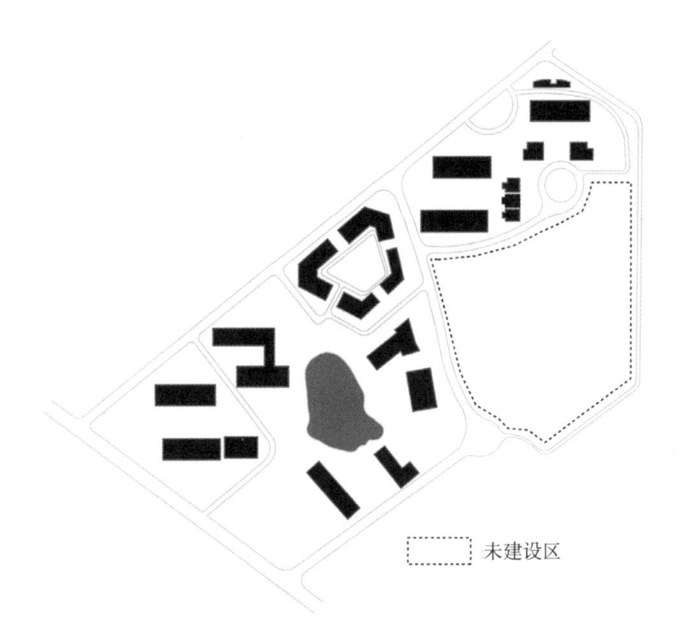

图 2-10 武汉大学科技园（图片来源：作者自绘）

■ **上海浦东软件园祖冲之园：** 为适应软件产业发展需要，在原有园区的基础上，上海浦东软件园祖冲之园于 2004 年开始建设，整个园区建筑规划采用外高内低，以大面积水体为核心向心汇聚（图 2-11）。

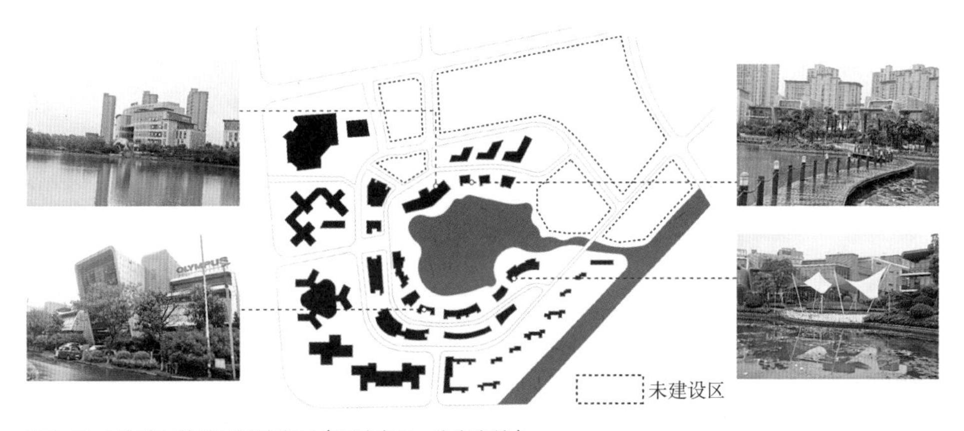

图 2-11 上海浦东软件园祖冲之园（图片来源：作者自绘）

■ **厦门软件园二期：** 厦门软件园二期于 2005 年开始建设，目前园区内部主要包括信息技术服务、动漫游戏、软件研发及管理服务 4 大功能区（图 2-12）。

图 2-12 厦门软件园二期（图片来源：作者自绘）

■ **大兴生物医药基地：** 大兴生物医药基地为中关村科技园区的重要组成部分之一，2005 年开始建设，规划主要包括四大功能区：研发与企业孵化区、生产加工区、贸易物流区、生活服务区（图 2-13）。

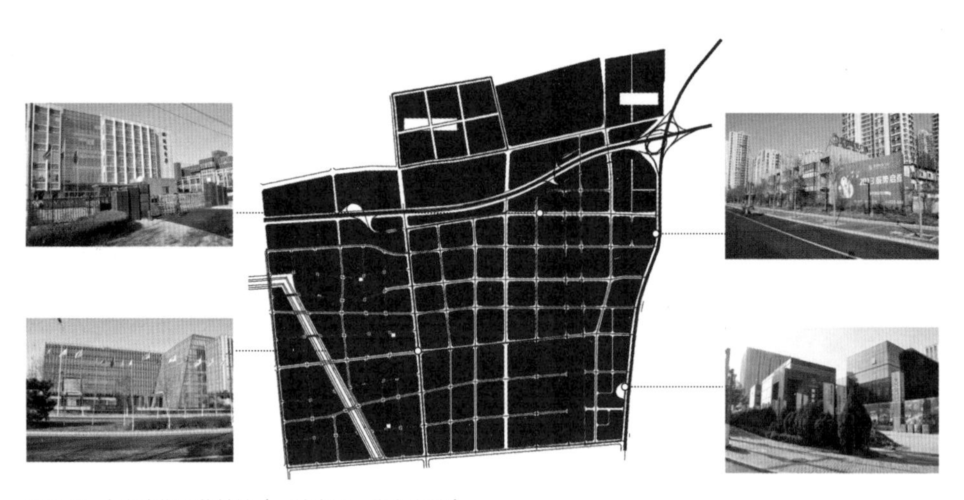

图 2-13 大兴生物医药基地（图片来源：作者自绘）

■ **苏州国际科技园五期（创意产业园）：**苏州国际科技园五期——创意产业园（图 2-14）于 2006 年开始建设，立足于当时产业发展需要，在软件开发、动漫游戏等现有特色产业的基础上，大力培育和扶持文化创意产业和服务外包业。

■ **泰达服务外包产业园：**泰达服务外包产业园于 2007 年开始奠基，园区旨在通过提供专业化的服务，实现由“世界工厂向办公室的转变”（图 2-15）。

■ **上海浦东软件园三林世博园：**三林世博园依托于 2010 年世博会发展契机，利用工厂改造，结合自身优势，成为上海世博会信息化开发服务基地（图 2-16）。

图 2-14 苏州国际科技园五期（创意产业园）（图片来源：作者自绘）

未建设区

图 2-15 泰达服务外包产业园（图片来源：作者自绘）

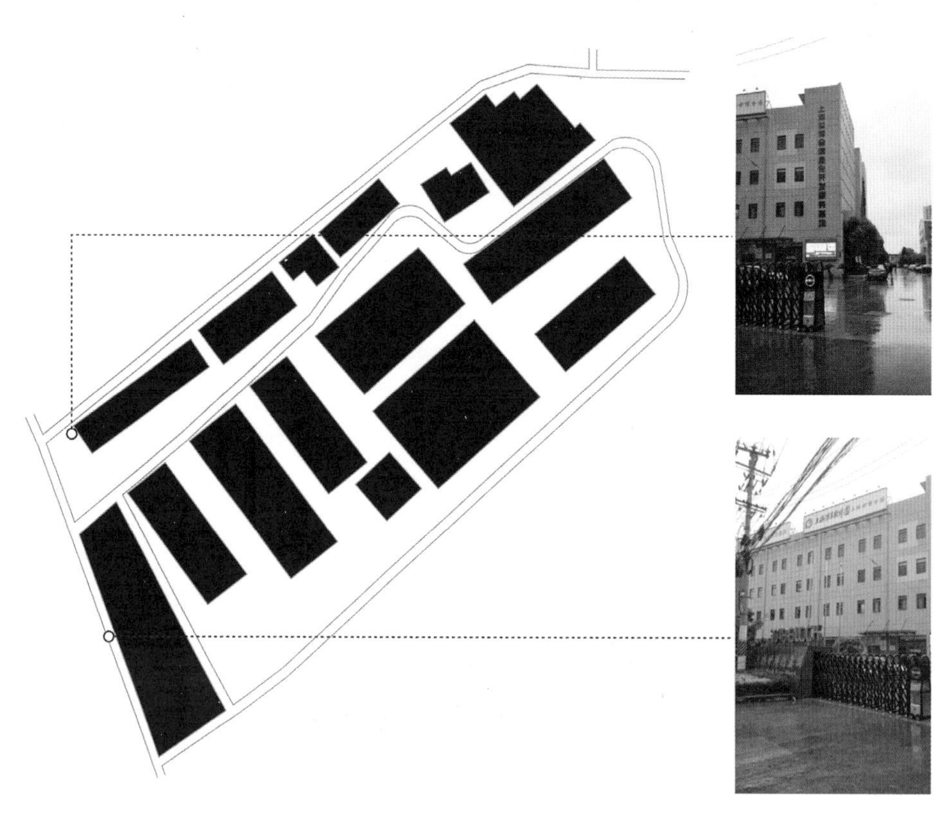

图 2-16 上海浦东软件园三林世博园（图片来源：作者自绘）

■ **光谷生物城：** 光谷生物城于 2008 年开始建设，为武汉东湖高新区建设的第二个国家级产业基地，旨在打造为集研发、孵化、生产、物流、生活于一体的生物新城（图 2-17）。

■ **上海浦东软件园昆山园：** 上海浦东软件园昆山园（图 2-18）于 2009 年开始建设，集工作、生活、休闲、娱乐于一体。园区整体以大面积景观湖面为核心，形成两大主要功能分区：创意产业区和生活功能区，局部研发办公区同生活功能区相混合。

图 2-17 光谷生物城（图片来源：作者自绘）

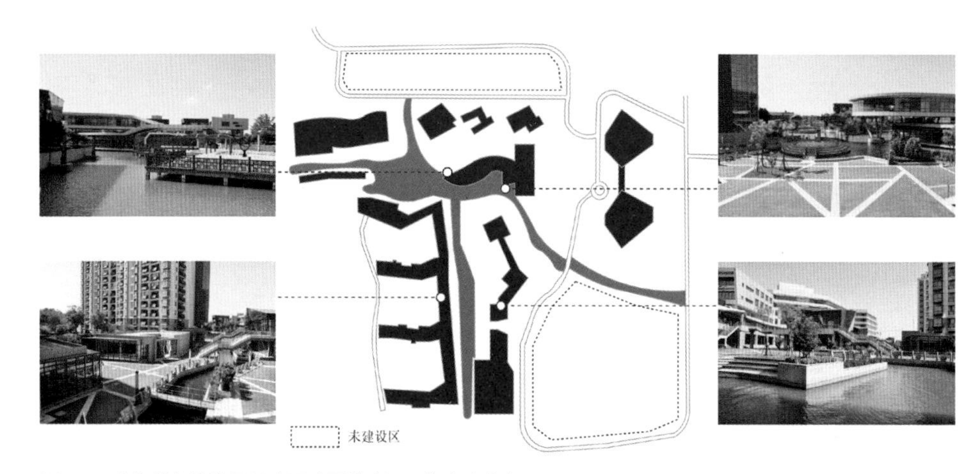

图 2-18 上海浦东软件园昆山园（图片来源：作者自绘）

■ **苏州纳米城：**苏州纳米城 2011 年开始建设，旨在打造为全国首个以纳米技术应用为产业发展方向的集“研发、办公、平台、中试、生产”等工作为一体的科技园区，园区内部功能分区明确（图 2-19）。

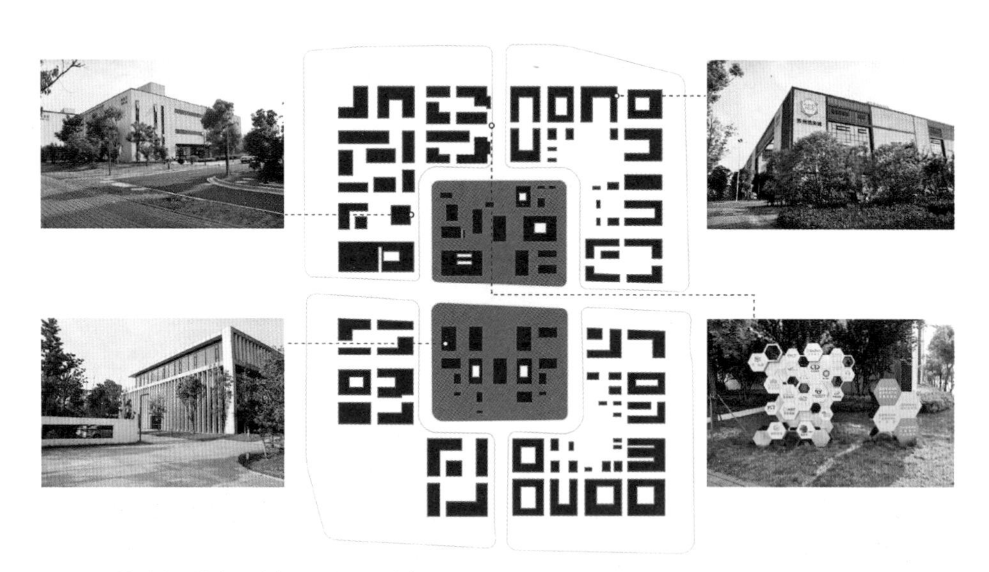

图 2-19 苏州纳米城（图片来源：作者自绘）

■ **苏州 2.5 产业园：**苏州 2.5 产业园（图 2-20）2011 年开始建设，以知识服务流程外包产业为发展方向，明确产业定位。园区坚持“产业 + 商务”定位，内部服务体系较为完善，致力为企业及目标客户打造一流的园区环境。

图 2-20 苏州 2.5 产业园（图片来源：作者自绘）

■ **苏州国际科技园七期（云计算中心）：**云计算中心于 2011 年开始建设，在一至六期的基础上（苏州国际科技园六期为创意泵站）将新一代信息技术产业作为战略性产业之一，通过构建较为完善的服务体系及应用平台，打造云应用平台，形成云产业集群（图 2-21）。

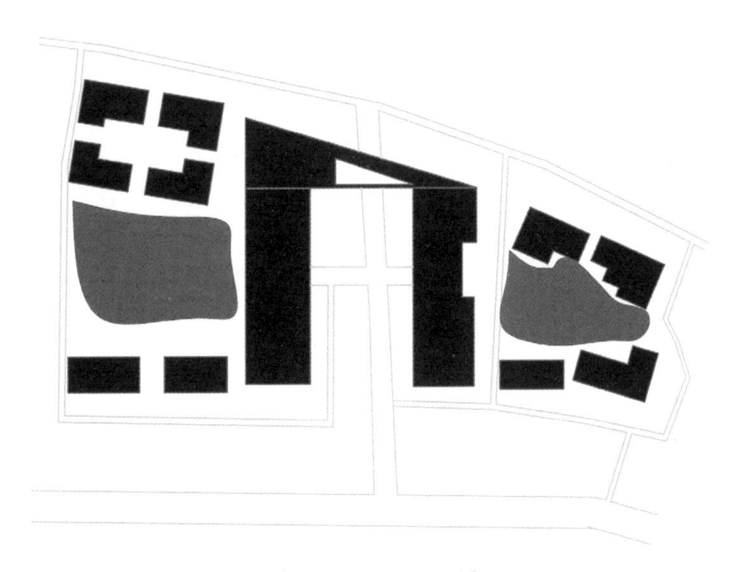

图 2-21 苏州国际科技园七期（图片来源：作者自绘）

■ **厦门软件园三期：**厦门软件园三期于 2011 年开始建设，在前两期的基础上，进一步以软件研发为产业支撑，旨在打造生态化、智慧化、开放性的科技园区（图 2-22）。

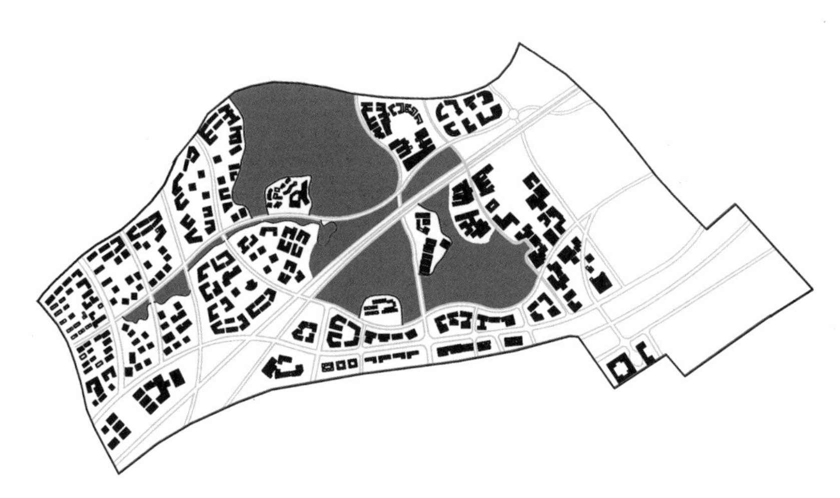

图 2-22 厦门软件园三期（图片来源：作者自绘）

■ **上海金桥 Officepark：**上海金桥 Officepark 于 2012 年启动建设，园区以大面积中心水体为核心，通过提供较为完善的配套体系吸引产业入驻，致力于打造舒适型商务办公园区（图 2-23）。

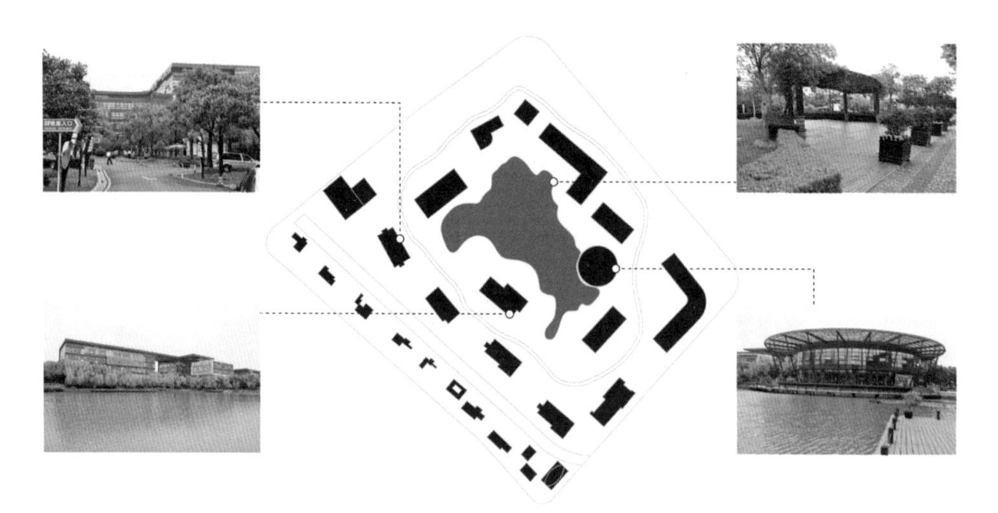

图 2-23 上海金桥 Officepark（图片来源：作者自绘）

■ **滨海信息安全产业园：** 滨海信息安全产业园位于滨海新区塘沽海洋高新区，2013 年开始建设，目前已投入使用，园区以引领科技兴海为使命，全力打造“创意海洋、高端海洋、智慧海洋和美丽海洋”（图 2-24）。

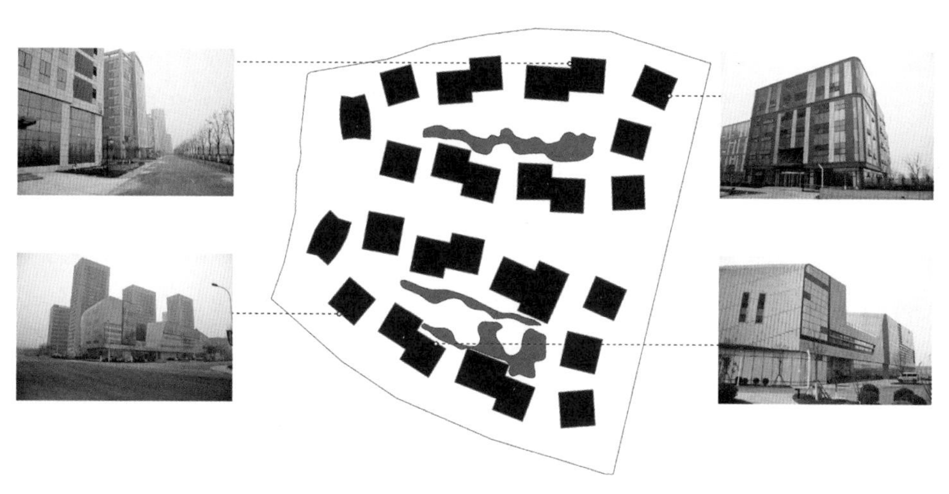

图 2-24 滨海信息安全产业园（图片来源：作者自绘）

■ **浦江智谷商务园：** 浦江智谷商务园于 2014 年开始建设，目前已经投入使用。园区以企业自身发展为核心，采用为企业“定制量体”的方式，旨在打造“边工作、边生活”的商务办公园区（图 2-25）。

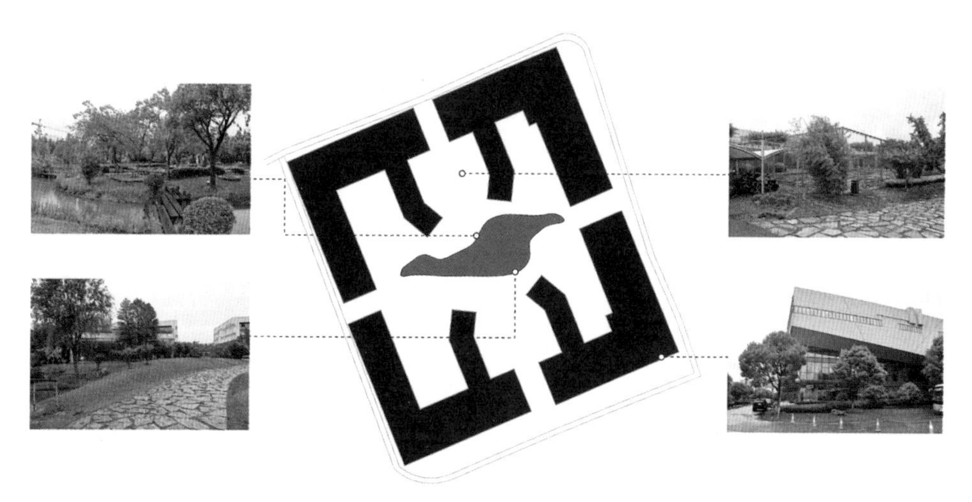

图 2-25 浦江智谷商务园（图片来源：作者自绘）

通过对以上 30 个案例解读可以发现，除北京小汤山农业科技园、浦东软件园三林世博园及大兴生物医药基地外，其余科技园区均有中心，且建筑呈圈层式布局样式，各圈层研发组团及配套设施分布状况导致科技园出现多种空间结构类型。

2.2 科技园空间结构分类依据

《辞海》(1999 年版彩图本）中对模式和结构的定义如下：

模式：亦译“范型”。一般指可以作为范本、模本、变本的式样。作为术语时，在不同学科有不同的含义。在普通心理学中，指外界事物贮藏在记忆中的有组织的心理图像。英国心理学家巴特莱特（Frederich Charles Bartlett，1886～1969 年）用这一概念说明记忆过程。在认知心理学中，指信息加工的过程，或事物的有组织的结构。在皮亚杰的认识发展论中，指儿童对一类对象、事情或行为的心理结构，亦即适应环境的行为方式。在社会学中，是研究自然现象或社会现象的理论图式和解释方案，同时也是一种思想体系和思维方式。有进化模式、结构功能模式、均衡模式、冲突模式等[1]。

结构：与“功能”相对。系统内各组成要素之间的相互联系、相互作用的方式。是系统组织化、有序化的重要标志。系统的结构可以分为空间结构和时间结构。任何具体事物的系统结构都是空间结构和时间结构的统一。结构既是系统存在的方式，又是系统的基本属性，是系统具有整体性、层次性和功能性的基础与前提。研究系统的结构和功能，既可根据已知对象的内部结构，来推测对象的功能；也可根据已知对象的功能，来推测对象的结构，从而实现对自然界的充分利用和改造。[2]

“模式”相对于“结构”来说较为模糊、抽象，对于目的、对象、功能明确的科技园来说，探讨其内部“结构”相对于“模式”来说，更为直观、具体。空间结构是各种“空间”与“非空间”要素相互作用的结果，包含物质、活动，以及互动三方面。物质要素指物质空间各要素的位置关系，活动是空间的分布格

1 夏征农 . 辞海（彩图本，部首，五卷本）[M]. 上海：上海辞书出版社，1999.

2 夏征农 . 辞海（彩图本，部首，五卷本）[M]. 上海：上海辞书出版社，1999.

局，互动指人与物质要素通过活动发生的关系。本书选择科技园空间结构进行研究，主要对其物质要素进行分析，即物质要素空间位置关系。

科技园是各种要素有机组合的空间区域，集生产、研发、生活为一体的空间结构单元。本书研究与结构相对应的功能明确的科技园构成要素，主要包括 3 方面：园区中心、研发组团、配套设施（图 2-26）。

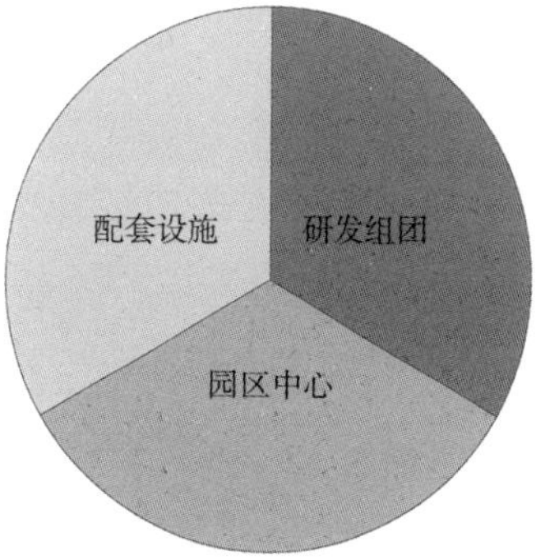

图 2-26 科技园物质构成要素

（图片来源：作者自绘）

研发组团和配套设施在空间结构上表现为园区建筑布局方式。结合调研案例总结可以发现目前国内多数科技园区空间结构呈现共性特点为：以特定功能建筑组团或者景观要素形成园区中心，建筑组团围绕园区中心通过向外部发散的方式形成圈层式布局样式。

2.2.1 圈层式建筑布局

园区空间规划设计受功能影响，不同功能地块与路网构成了园区基本平面布局。各圈层建筑为园区内部员工提供生产、研发、生活空间。研发组团与配套设施的相对位置关系形成了园区建筑布局样式，根据对 30 个案例的分析，目前国内大多数科技园在平面上结构层次明确，建筑布局表现为圈层式。

不同园区受政策、建设背景、规划条件、用地环境及其他因素的影响，园区建筑密度不同，各圈层研发组团与配套设施的布局表现为多种形式。园区建筑布局样式在表现为共性的同时，更多表现为差异性，其差异性主要体现为研发组团、配套设施同中心的位置关系，各地块的均好性，各圈层内部配套设施的分布方式以及配套设施的种类及数量。

2.2.2 园区中心

圈层式建筑布局客观上形成空间围合关系，园区中心是由围合关系形成的核心地带，多数园区在空间结构布局上强调园区中心的核心地位，园区中心通常由中心景观或配套设施组成，不同园区的中心功能及物质构成要素不尽相同。

园区中心因其为人提供活动场所在空间构成要素上具有物质性，作为整个园区的公共核心，为提升园区活力、提供人们外部活动空间搭建了载体与平台。

但通过现场实地调研观察、同园区内部人员交流访谈以及后期经过计算整理发现，由于中心构成要素、各园区中心服务半径，以及中心可达性的不同，导致园区各地块均好性不同，同时园区活力以及“人性化”空间设计也存在不同程度的差异。

2.2.3 研发组团

科技园中作为人们工作的场所多以组团的形式存在，研发组团的布局方式多为点式、线式、面式及点线面组合式。组团和中心及配套设施的关系也根据园区规模和性质而有所不同。作为人们办公的场所，研发组团的空间结构具有与普通办公所不同的特点，主要是注重研发人员工作时间的不确定性，工作场所的随时变化等特点，而且更需要考虑到研发人员的休息和讨论的环境的创造。

2.2.4 配套设施

配套设施大体有两种方式，一种是园区内除市政设施外其他配套均靠周边解决；另一种是配套完全在园区内。前者在城区内较多，而且对于用地性质有对配套指标的限制；后者在郊外较多，主要是周边配套不够，需在园区内考虑。

配套设施是园区良好运转的保证，除市政基础设施外，关乎人们生活、休闲、娱乐、健身及交流等人性化的需求。我国科技园早期围绕着一些工业区而形成，加之土地利用性质的限制，配套不足是普遍存在的现象。随着科技园的发展，配套设施的重要性逐渐凸显，配套的比例也逐渐增加，同时也由点式发展成面式，再进而发展成线式及点、线、面结合式。

2.3 科技园空间结构类型

结合调研案例特点，目前多数园区由中心向外部发散形成圈层式的空间结构类型，依据圈层样式进行分类，主要包括两种类型：环式空间格局、格网式空间格局（图 2-27），此外有少数园区不符合以上两种类型将其归纳为其他空间格局类型。其他空间格局类型园区包括：北京小汤山现代农业科技示范园、大兴生物医药基地、上海浦东软件园三林世博园。

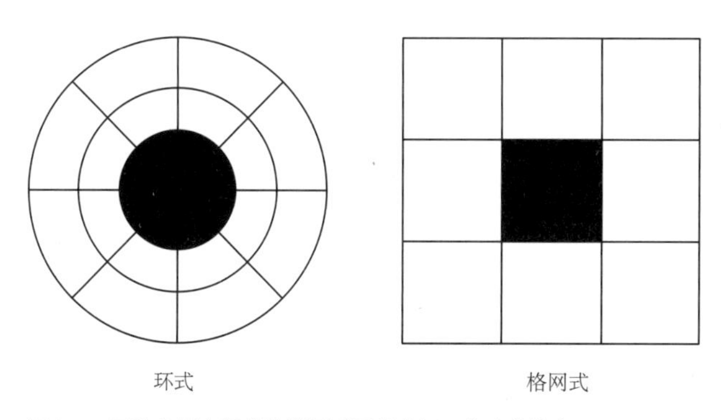

图 2-27 两种主要空间结构类型（图片来源：作者自绘）

各园区根据自身需要，园区中心具有不同的功能，除其他类型园区外，按照园区中心功能分类，又可以分为三种类型：

（1）园区中心为景观：包括绿地、水体、山体；

（2）园区中心为配套设施：包括会议、餐饮及综合服务；

（3）园区中心为景观结合配套设施：结合中心景观布置会议、餐饮及综合服务配套设施。

目前，多数园区中心为景观，多以绿化、水体或者山体的形式存在，仅有少数园区中心表现为配套设施或者中心景观结合配套设施的存在形式，园区中心要素的不同直接导致空间结构类型的差异性，同时也造成园区内部员工对中心使用情况及园区整体活力的不同。

2.3.1 格网式空间格局

格网式空间格局类型：各园区通过构成空间骨架的规则或者不规则的道路，围绕园区中心将各圈层分割为地块大小不一的网状建筑组团，各圈层建筑组团受功能的影响，通过不同的组合方式，表现为不同的布局样式，多数园区圈层数量为 2 至 3 层，结合调研案例，根据各圈层建筑组团的功能分布，又可以将其可以分为四种类型（图 2-28）：

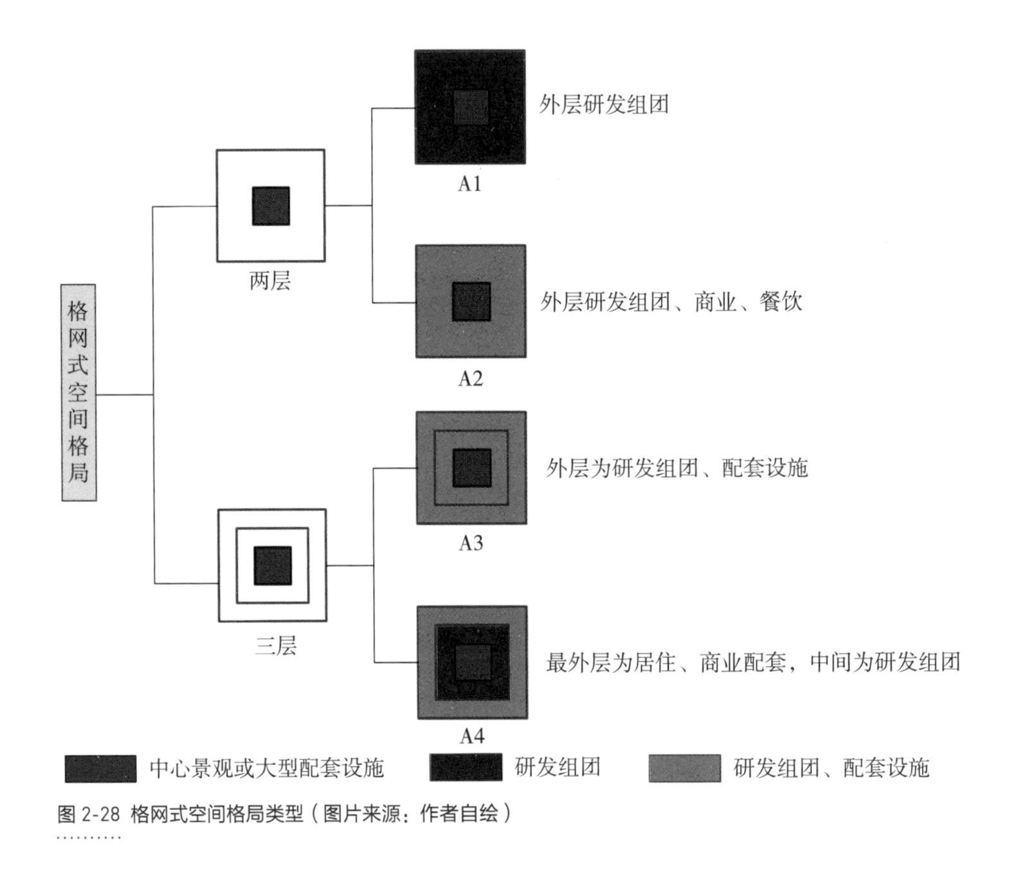

图 2-28 格网式空间格局类型（图片来源：作者自绘）

（1）A1 型。圈层数量为两层，园区中心构成要素为景观或者配套设施，外层全部为研发组团，几乎没有配套设施。案例包括：中关村软件园二期（图 2-29a）、滨海信息安全产业园（图 2-29b）、中关村生命科学园二期（图

2-29c)、浦东软件园郭守敬园(图 2-29d),由于中关村生命科学园二期目前正在建设之中,本书仅以建成部分作为分析对象。其中,中关村软件园二期、滨海信息安全产业园、中关村生命科学园二期中心为绿化景观,浦东软件园郭守敬园中心结合中心景观有少量餐饮、商业配套设施。除中关村软件园二期外,其余园区规模较小。

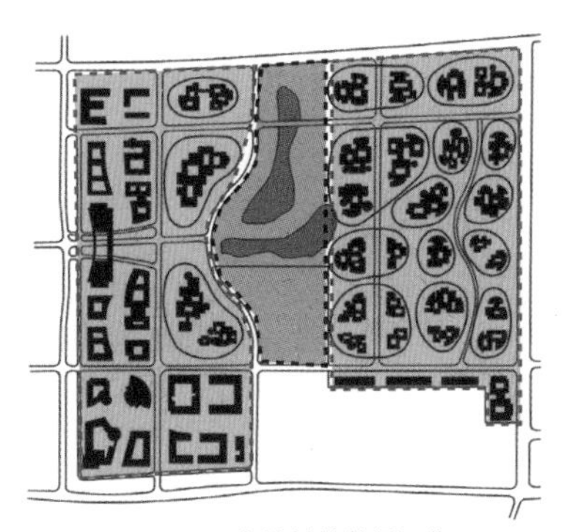
a:中关村软件园二期

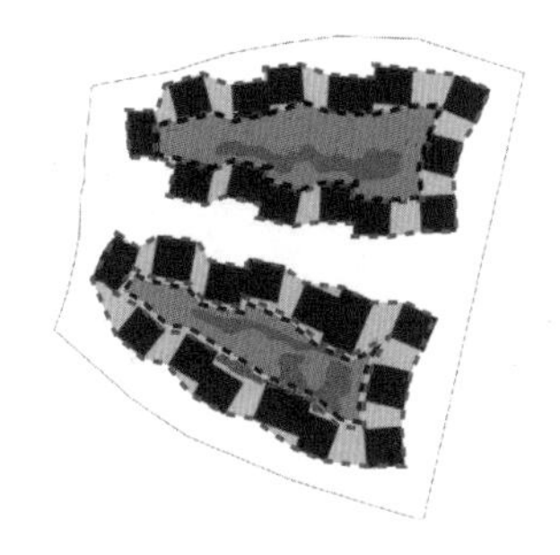
b:滨海信息安全产业园

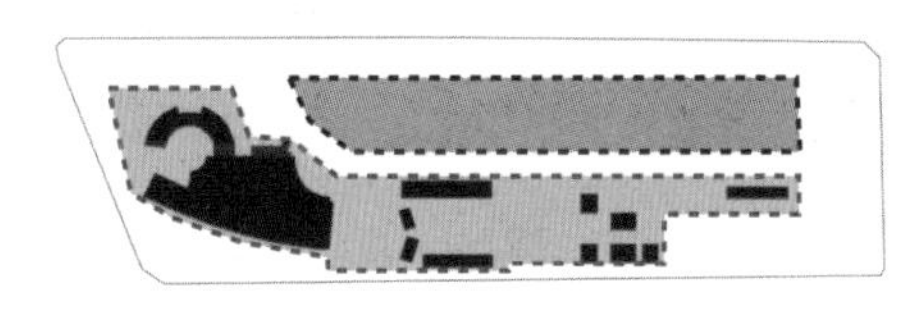
c:中关村生命科学园二期

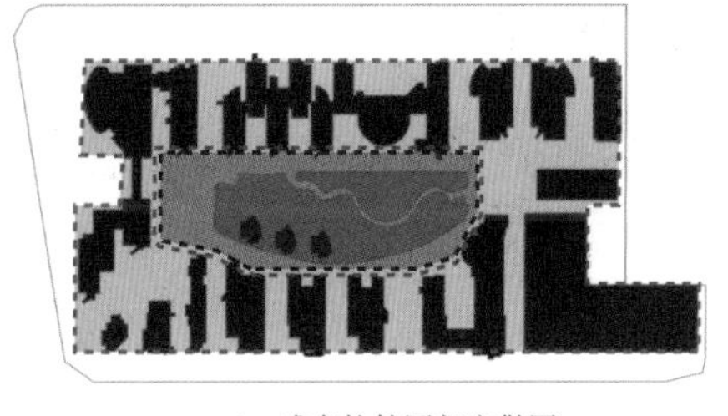
d:浦东软件园郭守敬园

园区中心　外层研发组团

图 2-29 A1 型科技园(图片来源:作者根据资料自绘)

(2)A2 型。圈层数量为两层,园区中心为景观或者大型配套设施,外层为研发组团与配套设施相结合。案例包括:浦东软件园昆山园(图 2-30a)、苏州 2.5 产业园(图 2-30b)、苏州科技园五期(图 2-30c)、苏州科技园一至四期(图 2-30d)、浦江智谷商务园一期(图 2-30e)、苏州科技园七期(图 2-30f)、厦门软件园一期(图 2-30g)。其中苏州科技园一至四期、苏州科技园五期、苏州科技园七期、厦门软件园一期、浦江智谷商务园一期中心为景观,外层为配套

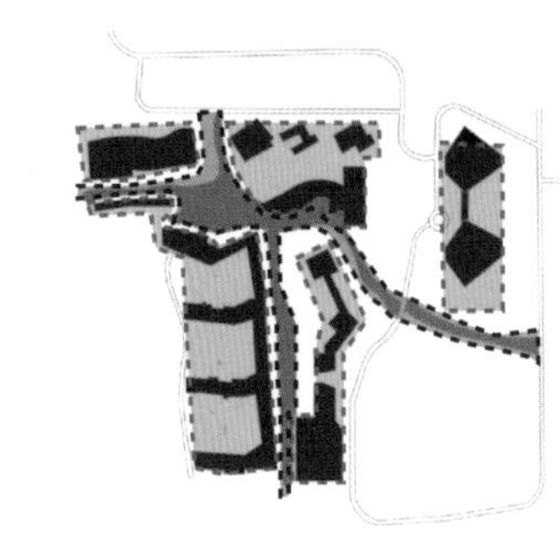
a：浦东软件园昆山园

b：苏州2.5产业园

c：苏州科技园五期

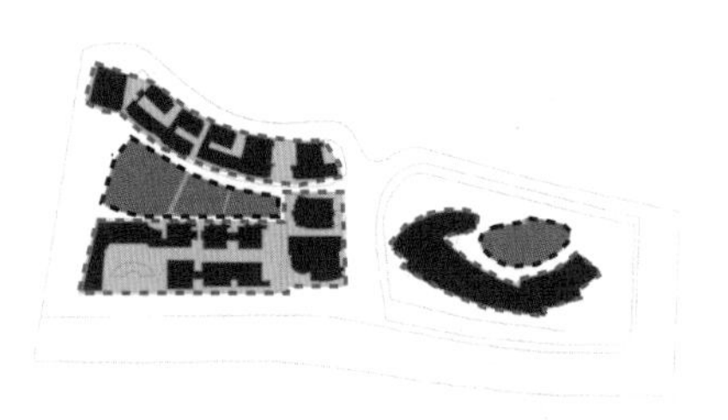
d：苏州科技园一至四期

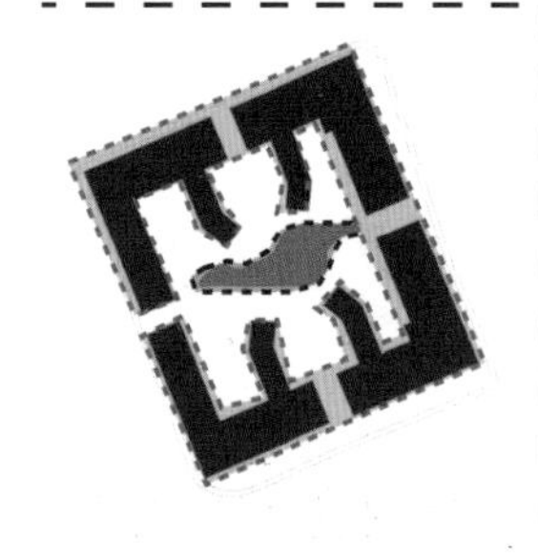
e：浦江智谷商务园一期

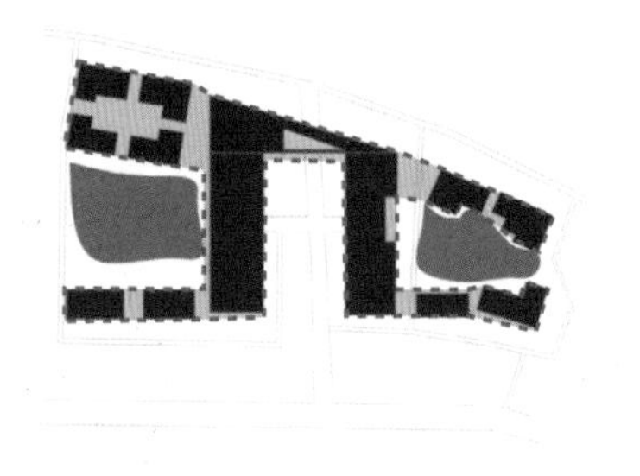
f：苏州科技园七期

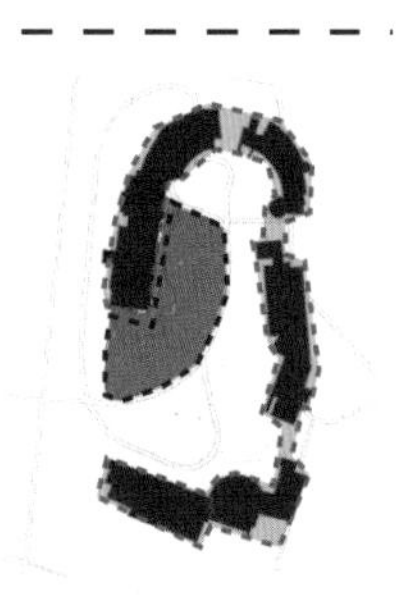
g：厦门软件园一期

园区中心　　研发组团、商业、餐饮

图 2-30 A2 型科技园（图片来源：作者根据资料自绘）

设施结合研发组团；浦东软件园昆山园集中餐饮及会议中心结合中心景观布置，外层为商业、住宅以及研发组团；苏州 2.5 产业园中心则为集中餐饮及会议配套设施，外层为研发组团及商业配套设施。该类型为格网式空间格局类型中，园区数量较多的一种，园区规模大小不一，差别较大。

（3）A3 型。圈层数量为三层，园区中心为景观，外侧两层为研发组团，几乎没有配套设施，是少数科技园区空间结构类型。案例：武汉大学科技园（图 2–31）。

武汉大学科技园

园区中心　研发组团、配套设施　研发组团、配套设施

图 2-31 A3 型科技园（图片来源：作者根据资料自绘）

（4）A4 型。圈层数量为三层，园区中心为配套设施或者景观，靠近中心圈层为研发组团，外层为居住、商业及配套设施。其中，华中科技大学科技园园区中心为景观（图 2-32a），苏州纳米城中心为园区服务及相关配套设施（图 2-32b）。

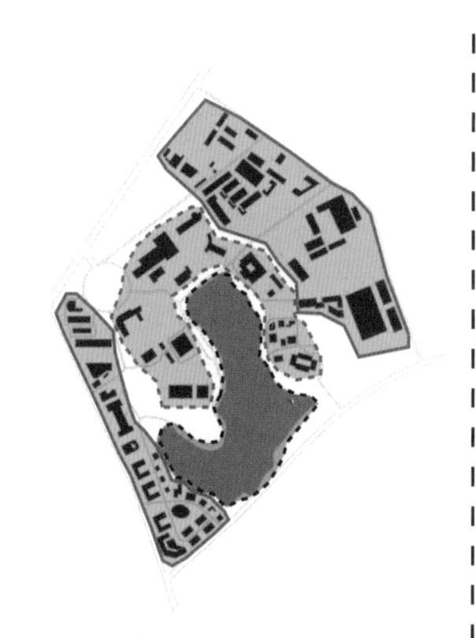

a：华中科技大学科技园

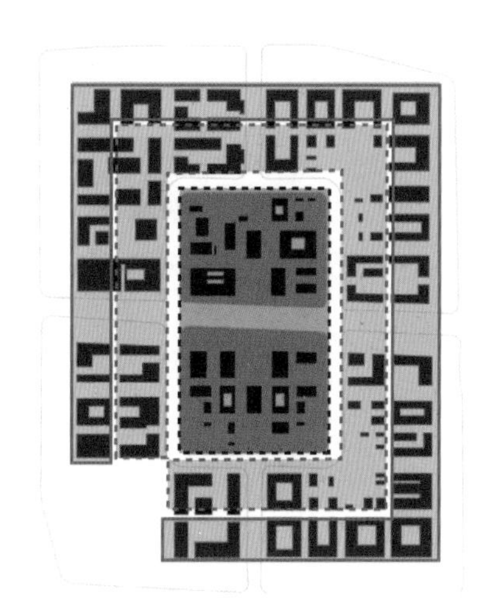

b：苏州纳米城

园区中心　研发组团、配套设施　研发组团、配套设施

图 2-32 A4 型科技园（图片来源：作者根据资料自绘）

2.3.2 环式空间格局

环式空间格局类型各园区由中心向四周发散，通过构成空间骨架的道路形成规则或者不规则的环状圈层，各圈层建筑组团受功能及内部道路的影响，表现为不同的布局样式，多数园区为 3 至 4 层，结合调研案例可以分为四种类型（图 2-33）。

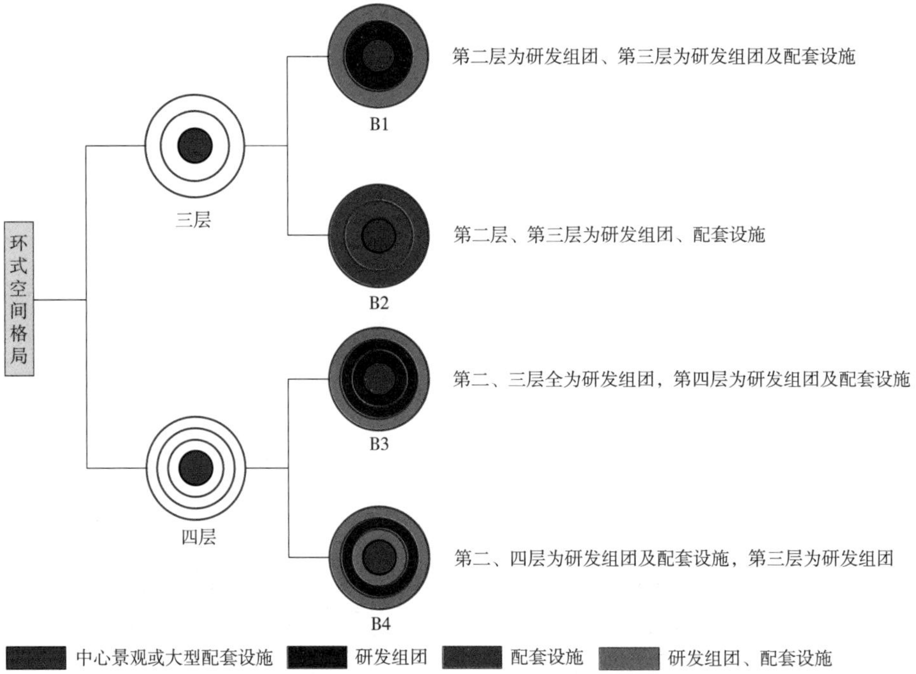

环式空间格局

三层

四层

B1 第二层为研发组团、第三层为研发组团及配套设施

B2 第二层、第三层为研发组团、配套设施

B3 第二、三层全为研发组团，第四层为研发组团及配套设施

B4 第二、四层为研发组团及配套设施，第三层为研发组团

中心景观或大型配套设施　研发组团　配套设施　研发组团、配套设施

图 2-33 环式空间格局类型（图片来源：作者自绘）

（1）B1 型。圈层数量为三层，园区中心为景观或景观结合配套设施布置，中间圈层为研发组团，最外层为研发组团及配套设施。案例包括：厦门软件园三期（图 2-34a）、中关村生命科学园一期（图 2-34b）、厦门软件园二期（图 2-34c）、上海金桥 Officepark（图 2-34d）、泰达服务外包产业园（图 2-34e）。其中，上海金桥 Officepark 集中餐饮结合中心水体布置；中关村生命科学园一期、厦门软件园二期中心为水体；由于泰达服务外包产业园目前正在建设之中，

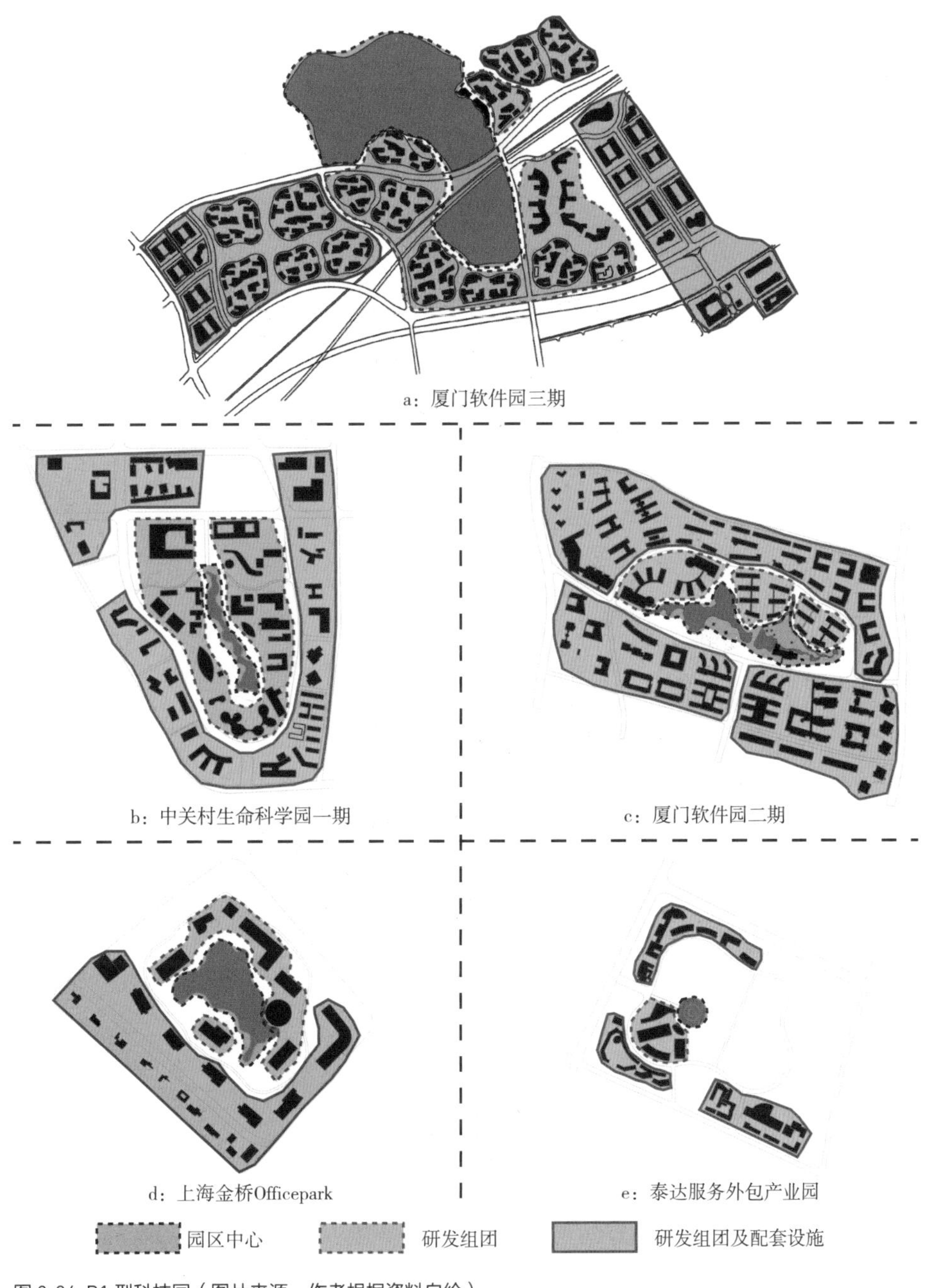

图 2-34 B1 型科技园（图片来源：作者根据资料自绘）

仅以建成部分作为分析对象，园区中心为绿化景观；厦门软件园三期启动区正在建设，受到外部条件的限制，以园区规划设计图为分析依据，园区中心为山体。相对于其他结构类型，该类型为环式空间格局类型中园区数量较多的一种。

（2）B2 型。圈层数量为三层，中心为景观或广场绿化，二、三层为研发组团结合配套设施布置。案例：光谷生物城（图 2-35a）、大连软件园（图 3-35b）。

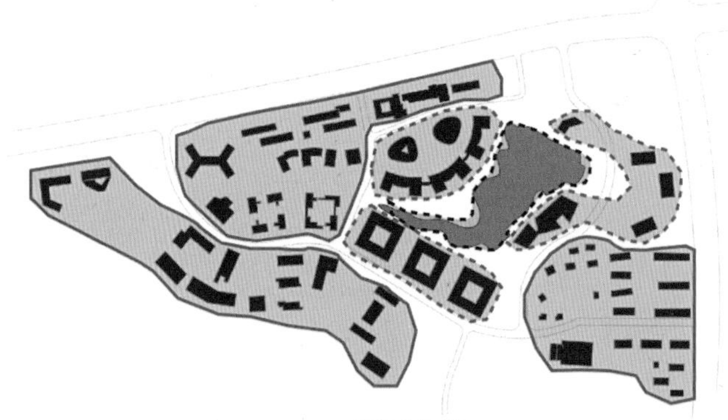

a：光谷生物城

b：大连软件园

园区中心　研发组团、配套设施　研发组团、配套设施

图 2-35 B2 型科技园（图片来源：作者根据资料自绘）

（3）B3 型。圈层数量为四层，中心景观为水体，二三层为研发组团，最外层为研发组团及配套设施。案例包括：中关村软件园一期（图 2-36a）、光谷软件园（图 2-36b）。

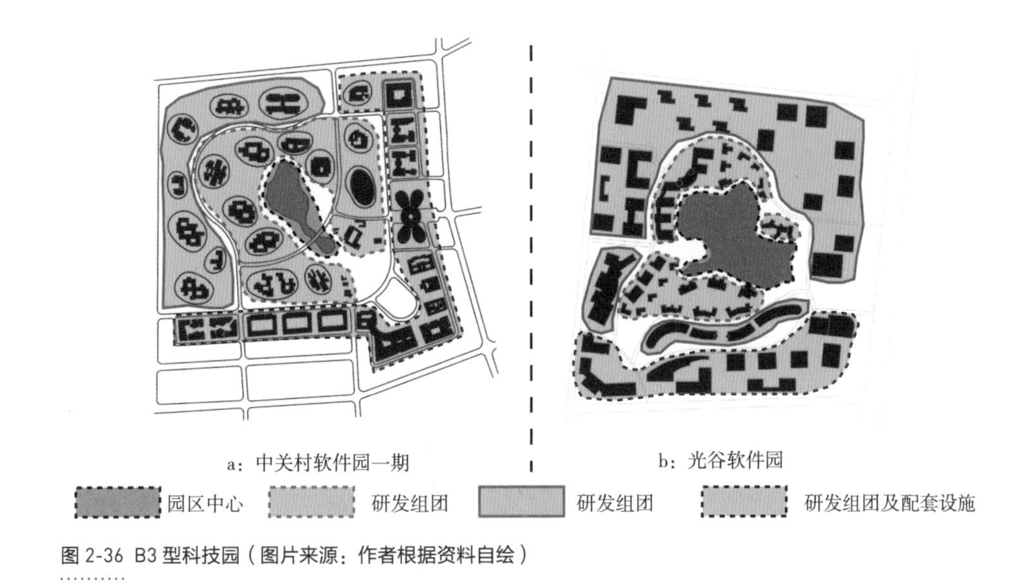

图 2-36 B3 型科技园（图片来源：作者根据资料自绘）

（4）B4 型。圈层数量为四层，中心景观为水体，第二、四层为研发组团及配套设施，第三层全为研发组团。案例：浦东软件园祖冲之园（图 2-37）。

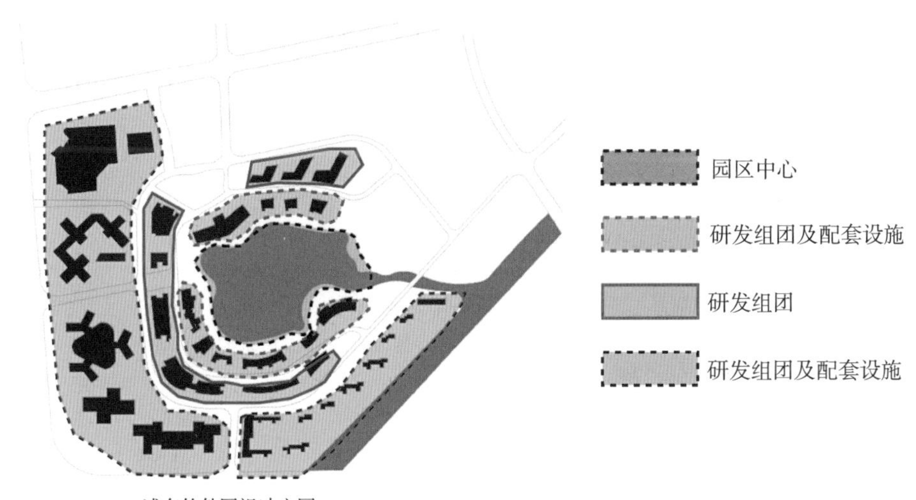

图 2-37 B4 型科技园（图片来源：作者根据资料自绘）

2.3.3 其他空间格局

在调研的案例中，有部分科技园区由于受到特定历史时期、园区功能以及建成环境等因素的影响，空间结构类型无明显特点，不同于以上两种主要空间结构类型，表现为其他空间格局类型。北京小汤山农业科技园（图 2-38a）为我国兴建较早的农业科技园区之一，随着农业科技的发展，目前已形成“七区一园”的发展格局，但是由于园区集生产、研发、展示、旅游教育等多功能为一体，园区整体空间结构区别于其他类型科技园区；浦东软件园三林世博园（图 2-38b）依托 2010 年世博会发展契机，利用工厂改造，结合自身优势，成为上海世博会信息化开发服务基地，但由于原有建筑格局已经形成，空间结构与多数园区类型不同；大兴生物医药基地（图 2-38c）为中关村科技园的重要组成部分，园区规划面积较大，主要包括：研发与企业孵化区、生产加工区、贸易物流区、生活服务区四大功能区，园区被内部道路均匀划分，其空间结构类型不属于圈层式。其他空间格局类型园区在下面讨论中会有所涉及，但不作为主要研究对象。

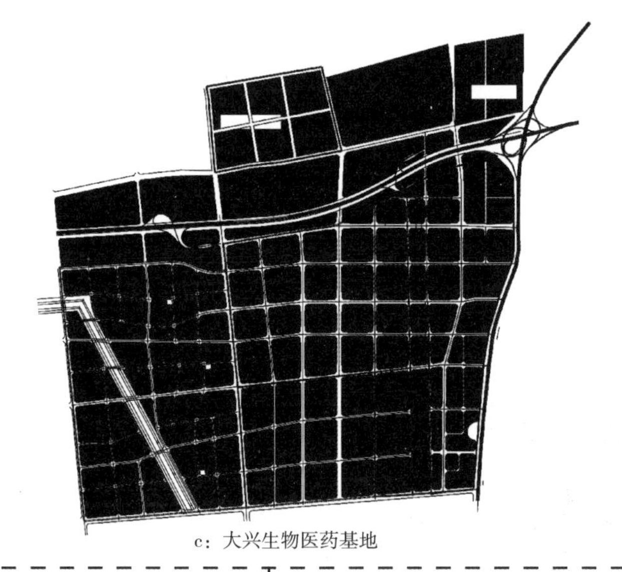

c：大兴生物医药基地

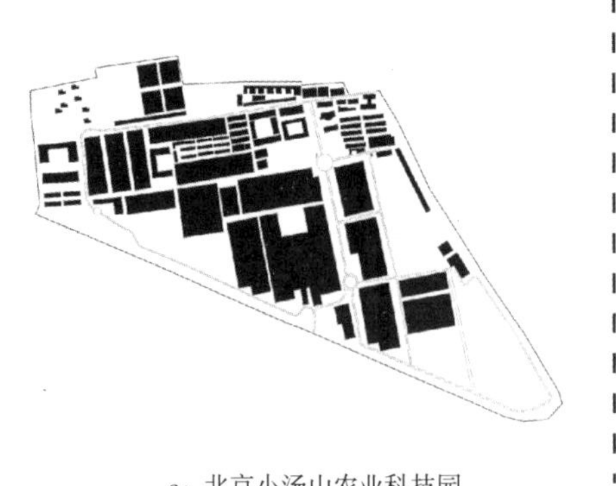

a：北京小汤山农业科技园

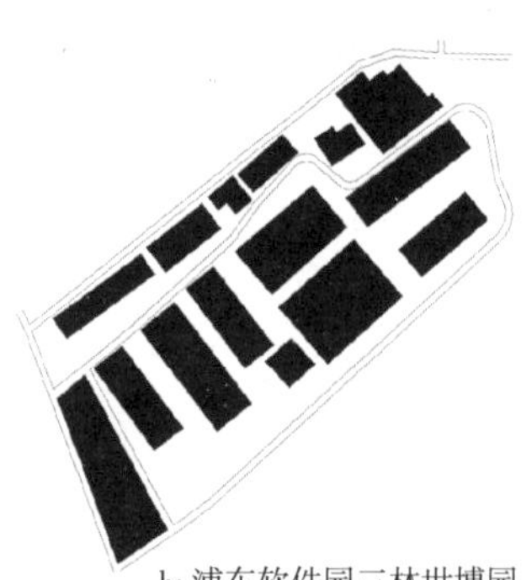

b: 浦东软件园三林世博园

图 2-38 其他空间格局类型科技园区（图片来源：作者根据资料自绘）

第三章 科技园空间结构影响因子

通过对现有调研案例的解读及梳理可以发现，功能不同、产业结构的不同并未导致科技园空间结构产生差异性。而研发组团及配套设施在圈层中的分布以及各圈层同园区中心的位置关系、园区中心包含的要素则引起科技园空间结构类型的变化。研发组团及配套设施除相对位置、分布状况影响科技园空间结构外，分布的疏密状况也直接影响了整个园区外部空间的品质，一个空间结构相对合理的科技园各地块空间密度应当具有均衡性。园区中心为园区内部人员提供服务及外部活动空间，服务半径是否合理直接影响了园区中心提供服务的能力。

本书可以采用定性与定量的方式对三要素进行分析，研发组团与配套设施在园区建筑布局上的定量指标可以通过园区的建筑密度、园区中心的定量指标可以通过中心在园区所占的百分比来体现；研发组团与配套设施可以通过两者与中心的关系、研发组团与配套设施在各圈层的分布、配套设施的类型采用定性的方式进行分析，园区中心则可以通过对中心的构成要素采用定性的方式解读。此外，采用定量的分析方式对园区建筑密度及中心百分比进行分析，可以在一定程度上作为判断园区规划布局及园区中心设计是否合理的依据之一。

3.1 影响因子之一：建筑密度

建筑密度反映了园区建筑密集程度，建筑密度高说明园区建筑布局过于密集，提供的外部空间相对较少，建筑密度过低说明对园区土地利用率不高。通过对调研案例进行量化分析，总结归纳出目前国内多数科技园区建筑密度采取的区间范围，并探讨科技园区在建设过程中受园区建设时期、城市空间区位以及空间结构因素影响的原因。对调研案例建筑密度计算后整理数据如表 3-1 所示。

通过对 30 个案例数据分析可以发现：园区建筑密度变化范围为 14% 至 42%，其中建筑密度 15% 以下的园区数量为 1，15% 至 25% 之间的园区数量为 22，25% 以上的园区数量为 7，多数园区建筑密度位于 15% 至 25% 区间范围内（图 3-1）。

园区建筑密度统计表

表 3-1

园区名称	地点	建设时间	建筑密度	空间结构形式
中关村软件园一期	北京	2001 年建设	15%	B3
中关村软件园二期	北京	2011 年建设	17%	A1
中关村生命科学园一期	北京	2000 年建设	19%	B1
中关村生命科学园二期	北京	2008 年建设	40%	A1
大兴生物医药基地	北京	2005 年建设	40%	其他
上海浦东软件园郭守敬园	上海	1998 年建设	31%	A1
上海浦东软件园祖冲之园	上海	2004 年建设	15%	B4
上海浦东软件园三林世博园	上海	2008 年建设	40%	其他
上海浦东软件园昆山园	上海	2009 年建设	24%	A2
浦江智谷商务园	上海	2014 年建设	42%	A2
上海金桥 Officepark	上海	2012 年建设	14%	B1
滨海信息安全产业园	天津	2013 年建设	25%	A1
泰达服务外包产业园	天津	2007 年建设	24%	B1
苏州纳米城	苏州	2011 年建设	24%	A4
苏州 2.5 产业园	苏州	2011 年建设	22%	A2
苏州国际科技园一至四期	苏州	2000 年建设	24%	A2
苏州国际科技园五期（创意产业园）	苏州	2006 年建设	26%	A2
苏州国际科技园七期（云计算中心）	苏州	2011 年建设	25%	A2
大连软件园	大连	1998 年建设	24%	B2
光谷软件园	武汉	2000 年建设	21%	B2
光谷生物城	武汉	2008 年建设	16%	B2
华中科技大学科技园	武汉	2000 年建设	15%	A4
武汉大学科技园	武汉	2000 年建设	17%	A3
北京小汤山现代农业科技示范园	北京	1998 年建设	38%	其他
厦门软件园一期	厦门	1998 年建设	20%	A2
厦门软件园二期	厦门	2005 年建设	25%	B1
厦门软件园三期	厦门	2011 年建设	16%	B1

（数据来源：作者计算整理）

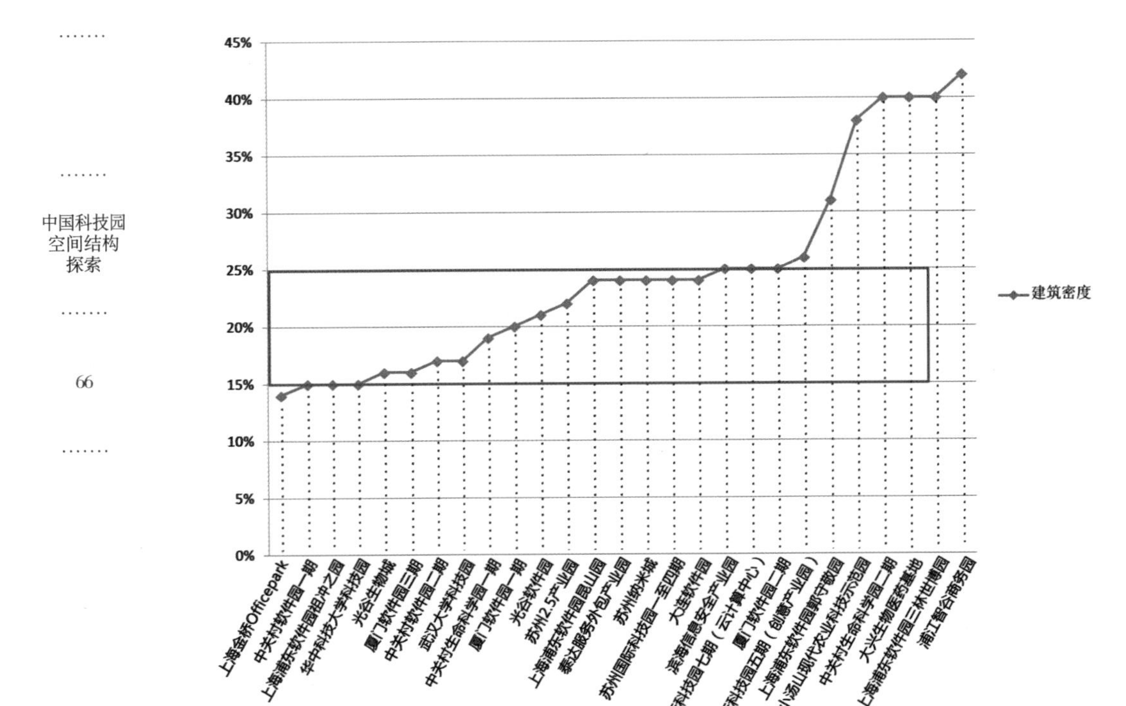

图 3-1 园区建筑密度区间（图片来源：作者自绘）

3.1.1 园区建设时期与建筑密度

按照调研园区的建设时间进行分析，可以发现随着时间的推移，园区的建筑密度并未随着时间的推移呈现出规律性变化（图 3-2）。将调研案例按照建设时间段进行分类，以国家“五年”规划时间节点为分段依据，即 2000 年以前、2000 ~ 2005 年、2006 ~ 2010 年、2011 ~ 2015 年 4 个时间段进行分析，可以发现在不同时间段内，园区建筑密度变化区间范围基本相同（图 3-3）。

2000 年以前园区建筑密度变化区间范围为 20% ~ 38%，2000 ~ 2005 年变化区间范围为 15% ~ 40%，2006 ~ 2010 年变化区间范围为 16% ~ 40%，2011 ~ 2015 年变化区间范围为 14% ~ 42%。园区建筑密度在不同时间段内呈现出相同的变化规律，且变化区间范围基本相同，由此可以看出随着时间的推移，

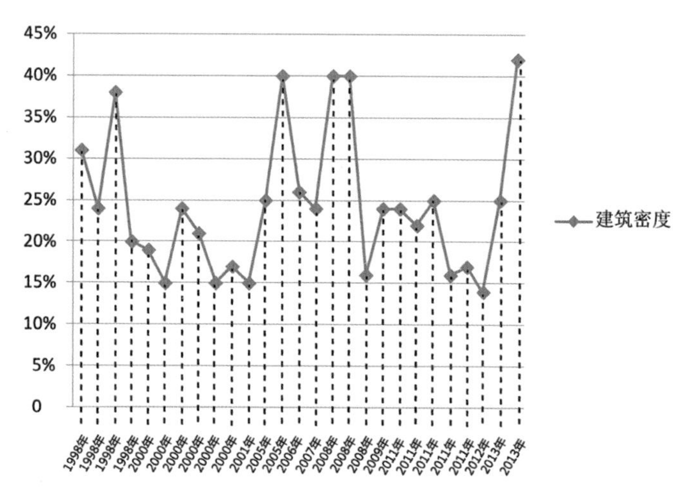

图 3-2 建筑密度随时间变化趋势（图片来源：作者自绘）

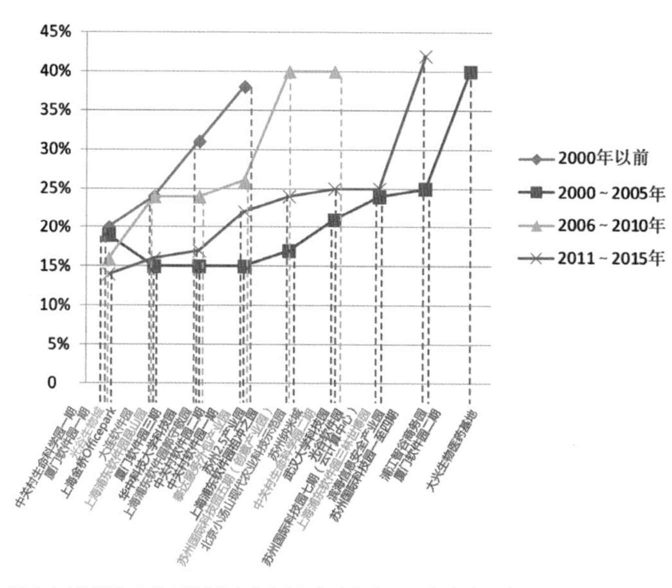

图 3-3 建筑密度随时间段变化规律（图片来源：作者自绘）

园区建筑密度处于动态循环的变化之中。园区建筑密度受所在城市区位、土地政策及周边环境的影响，科技园建筑密度呈现的规律性变化在一定程度上反映了园区在建设选址的过程中随着城市的发展，同城市的相对空间区位在发生变化，这样一种相对位置关系也处于动态变化之中。

3.1.2 城市空间区位与建筑密度

随着城市的发展，土地资源越来越紧张，原有的城市用地已经不能满足园区自身的发展需求，在现有城市中心的基础上出现多种城市副中心，此时科技园区为了发展的需要，外迁或者新建园区成为必然发展趋势，园区与城市的空间区位关系便发生了变化，相对于市中心来说，城市边缘地区或者郊区土地资源更加充足，为园区规模扩建提供了外部条件，园区建筑密度相对于市中心园区来说也会偏低。园区同城市空间区位的变化导致建筑密度的循环变化。

在调研案例中，多数园区同城市空间区位关系为郊区型或者城市边缘型，极少数为城区型，园区同城市相对空间区位的变化导致园区建筑密度的不同。城区型园区相比于其他两种类型来说园区规模较小，如浦东软件园郭守敬园、厦门软件园一期，园区建筑密度也会偏高。对于郊区型或者城市边缘型园区，随着时间的变化，园区同城市的空间区位也在变化。以中关村软件园和中关村生命科学园为例，园区一期建设时间为 2000 年左右，园区选址位于城市郊区，中关村软件园一期建筑密度为 15%，中关村生命科学园一期建筑密度为 19%。园区为了自身发展需要，分别与 2011 年和 2008 年开始在一期附近建设二期，随着城市的发展，此时一期同城市的空间区位已经发生了变化，由郊区型变为城市边缘型，周边土地资源开始变得紧张，中关村软件园二期及中关村生命科学园二期建筑密度为 17%、35% ~ 40%，建筑密度变高。

总之，园区建设时期及其同城市空间区位的关系两者相互作用，相互影响，时间的推移导致园区同城市相对空间区位的变化；城市的发展，同样带动园区同城市相对位置的变化，最终导致了园区建筑密度的不同。

3.1.3 空间结构类型与建筑密度

三种空间结构类型园区对比分析可以发现（图 3-4），环式空间格局类型园区建筑密度变化基本在 15% ~ 25% 区间范围内；格网式空间格局类型园区建筑密度变化范围较大，其中，中关村生命科学园二期、浦东软件园郭守敬园、浦

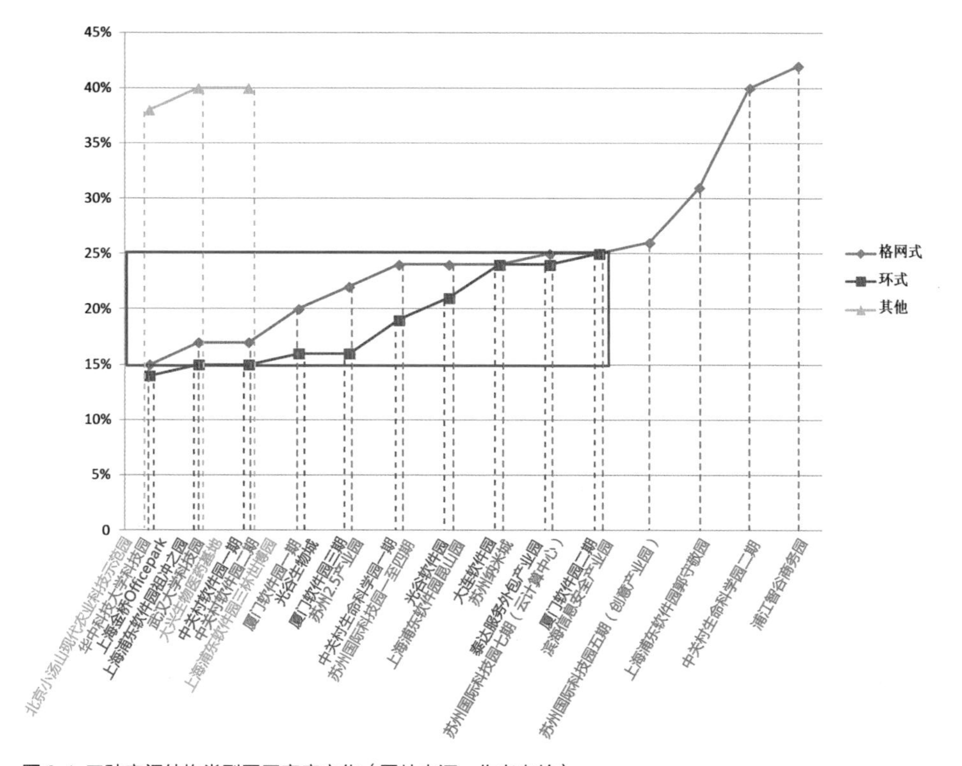

图 3-4 三种空间结构类型园区密度变化（图片来源：作者自绘）

江智谷商务园建筑密度高达 30% 以上；其他类型的三个园区相对于两种主要类型的园区来说，因园区内部无中心，建筑布局较密，建筑密度基本为 40% 左右。

相对于格网式空间格局类型的其他园区来说，中关村生命科学园二期、浦东软件园郭守敬园、浦江智谷商务园建筑密度过高主要是因为园区外部公共空间所占比例相对较小，除园区中心外，外层只有一个建筑圈层，且园区规模相对较小，建筑分布过于密集。

根据调研情况及目前园区的建设现状，通过对园区建筑密度因子分析后可以发现：目前国内多数园区建筑密度区间范围为 15% ~ 25%，建设时期、同城市的空间区位关系以及空间结构类型三种因子相互作用，最终导致园区建筑密度呈现规律性变化的同时又存在一定的差异性。

3.2 影响因子之二：中心百分比

园区中心作为影响空间结构的主要因子之一，反映了园区为企业及内部员工提供集中外部公共空间或者配套设施的基本情况。本书通过对园区中心面积所占园区整体面积的比例（选取的中心所占面积为园区中心主体景观或者主要集中配套设施所占的面积），即园区中心百分比的量化分析，结合园区建筑密度量化指标，通过对目前国内多数园区中心百分比的计算分析，找出多数园区采取的合理区间范围，以期为今后园区规划设计提供设计量化指标参考依据。中心百分比过高，服务半径过大，园区不同圈层各建筑组团对中心利用的差异性较为明显，且占用面积较大，园区土地利用率不高；中心百分比过低，服务半径过小，园区中心服务配套设施辐射范围较小。本书通过对园区建设时期、场地原有要素以及空间结构类型三个因素的分析，来探讨造成中心百分比产生不同的原因。

对调研案例两种主要空间结构类型园区中心百分比计算后数据整理如表3-2所示。经过数据统计可以发现：除其他类型三个园区及中关村生命科学园二期外，其他两种主要空间结构类型园区中心百分比变化区间范围为0.62%至19.69%，区间变化范围较大，但通过数据整理可以发现，在变化区间范围内，多数园区基本在4%、10%左右浮动（图3-5）。

园区中心百分比统计表　　表3-2

园区名称	地点	建设时间	空间结构形式	中心百分比
中关村软件园一期	北京	2001年建设	B3	10.10%
中关村软件园二期	北京	2011年建设	A1	3.82%
中关村生命科学园一期	北京	2000年建设	B1	1.82%
中关村生命科学园二期	北京	2008年建设	A1	
大兴生物医药基地	北京	2005年建设	其他	
上海浦东软件园郭守敬园	上海	1998年建设	A1	7.75%

续表

园区名称	地点	建设时间	空间结构形式	中心百分比
上海浦东软件园祖冲之园	上海	2004 年建设	B4	10.06%
上海浦东软件园三林世博园	上海	2008 年建设	其他	
上海浦东软件园昆山园	上海	2009 年建设	A2	10.36%
浦江智谷商务园	上海	2014 年建设	A2	4%
上海金桥 Officepark	上海	2012 年建设	B1	9.37%
滨海信息安全产业园	天津	2013 年建设	A1	4.20%
泰达服务外包产业园	天津	2007 年建设	B1	1.48%
苏州纳米城	苏州	2011 年建设	A4	16.80%
苏州 2.5 产业园	苏州	2011 年建设	A2	12.11%
苏州国际科技园一至四期	苏州	2000 年建设	A2	9.70%
苏州国际科技园五期（创意产业园）	苏州	2006 年建设	A2	8.94%
苏州国际科技园七期（云计算中心）	苏州	2011 年建设	A2	3.96%
大连软件园	大连	1998 年建设	B2	0.62%
光谷软件园	武汉	2000 年建设	B2	7.90%
光谷生物城	武汉	2008 年建设	B2	4.90%
华中科技大学科技园	武汉	2000 年建设	A4	15.52%
武汉大学科技园	武汉	2000 年建设	A3	4.80%
北京小汤山现代农业科技示范园	北京	1998 年建设	其他	
厦门软件园一期	厦门	1998 年建设	A2	11.15%
厦门软件园二期	厦门	2005 年建设	B1	2.37%
厦门软件园三期	厦门	2011 年建设	B1	19.69%

（数据来源：作者计算整理）

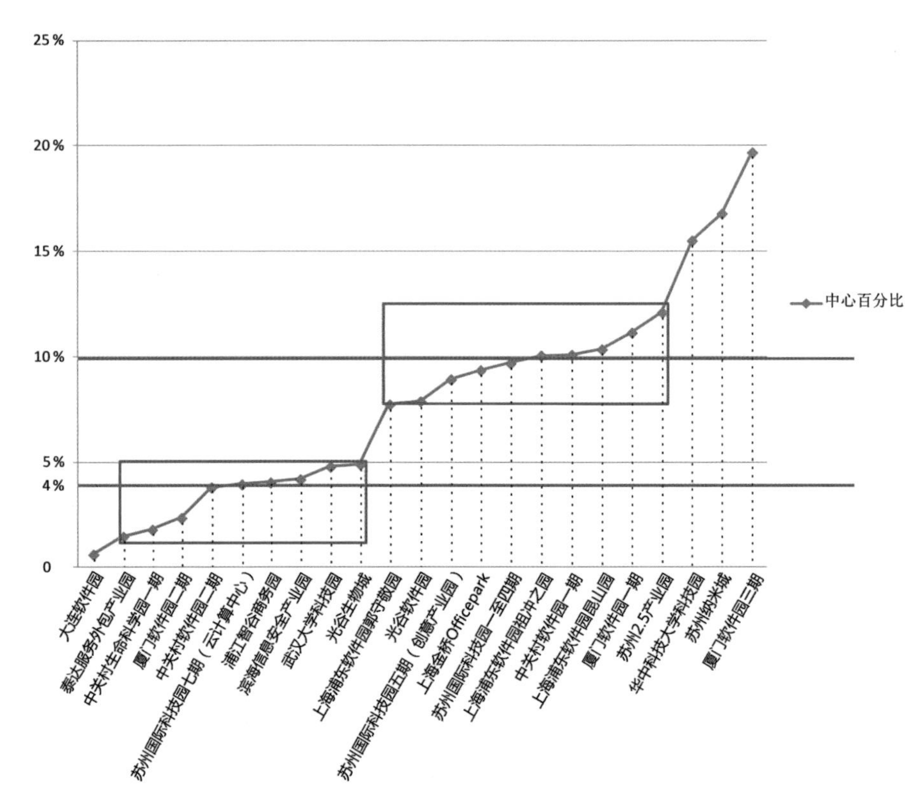

图 3-5 中心百分比变化区间范围（图片来源：作者自绘）

3.2.1 园区建设时期与中心百分比

通过对两种主要类型科技园区数据分析可以发现，随着时间的推移，园区的中心百分比并未随着时间的推移呈现出规律性变化。将园区按照建设时间段进行分类，即 2000 年以前、2000 ~ 2005 年、2006 ~ 2010 年、2011 ~ 2015 年 4 个时间段进行分析，可以发现在不同时间段内，园区中心百分比均会有一定的变化规律，仅区间范围有所不同（图 3-6），但基本都在 4% ~ 10% 区间范围内。

园区中心百分比在一段时期内多表现为差异性，而在不同时间段内呈现出基本相同的变化范围区间，更多表现为相似性。差异性说明在特定的时间段内，由于土地政策，外部环境的调整均会导致园区规划指标的变化，当然，场地内部及周边原有要素也会对园区中心产生影响。

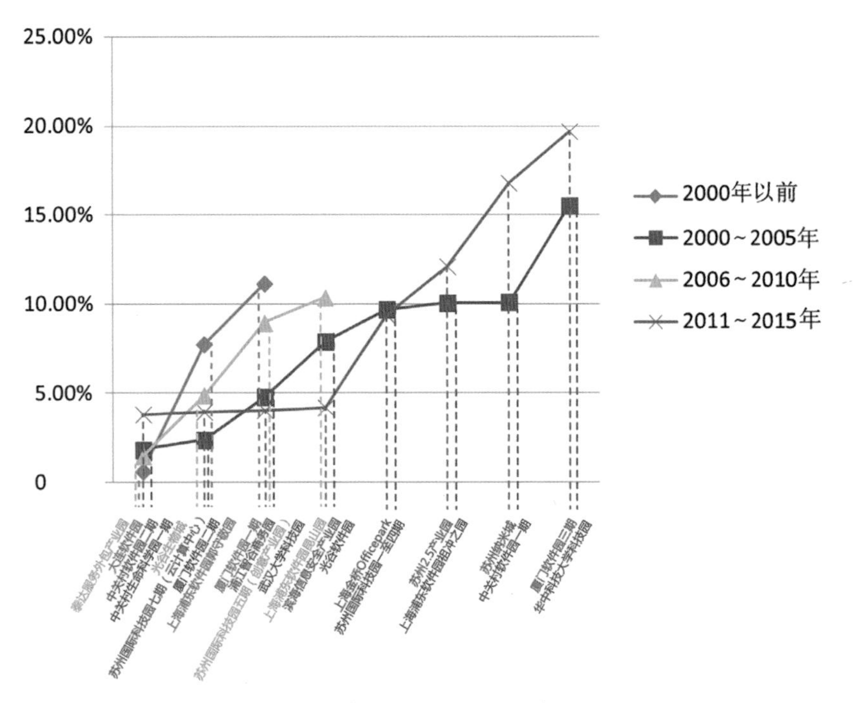

图 3-6 中心百分比按时间段变化规律（图片来源：作者自绘）

3.2.2 场地原有要素与中心百分比

对于中心构成要素为景观的园区，园区中心的形成除了受规划条件的影响外，还受到场地条件的限制。部分园区在建设选址时，对于场地内部已有的水体、绿化或者山体，鉴于对场地原有要素的尊重及生态环境的考虑，依托现有景观要素并通过重新规划形成园区中心。此时，园区中心百分比更多受到场地原有要素的影响。

以厦门软件园三期为例，由于规划基地内部总体生态环境较为优越，为了体现对生态环境的保护，规划设计时充分利用自然山体并以此形成园区的中心景观，园区中心百分比高达 19.69%；华中科技大学科技园由于受到基地水体的影响，规划以水作为中心景观，中心百分比为 15.52%；大连软件园由于受到城市道路交通系统的影响，中心百分比较低。园区选址及规划设计时，场地原有地形、地貌及其他生态要素作为重要因子通常情况下会影响园区中心百分比，进而导致园区中心功能的变化。

3.2.3 空间结构类型与中心百分比

从数据统计表中可以看出，两种主要空间结构类型的园区中心百分比变化范围，格网式空间格局类型园区中心百分比变化区间范围为 3.82% ~ 16.80%，环式空间格局类型园区中心百分比变化区间范围为 0.62% ~ 14.20%，虽然变化区间范围不同，但两种空间结构类型的多数园区中心百分比变化区间范围为 4% ~ 10%（图 3–7）。

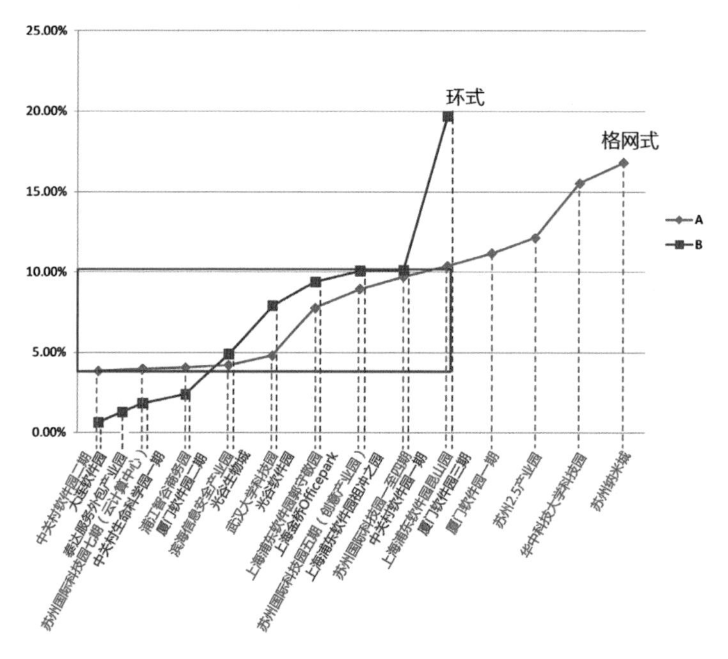

图 3-7 两种主要空间结构类型的园区中心百分比变化区间（数据来源：作者计算整理）

格网式空间格局类型的少数园区中心百分比较高，环式空间格局类型的少数园区中心百分比较低，除受到特定场地原有要素影响外，还受到空间结构类型自身中心功能及圈层分布特点的影响。华中科技大学科技园保留了场地内部原有水体，并以此作为园区景观中心；苏州纳米城中心圈层集中为配套设施，相对于其他园区来说，配套设施过于集中、密集，导致了园区中心百分比偏高。环式空间格局类型园区中，大连软件园以广场为中心，由于受到城市道路的影响，广场兼具城市交通枢纽的作用，但广场面积有限。

根据调研情况及目前园区的建设状况，通过对影响园区中心百分比因子分析后可以发现：目前国内多数园区中心百分比区间范围基本为 4% ~ 10%，三种影响因子通过相互作用，导致两种主要空间结构类型园区中心百分比即呈现出一定的规律变化。

园区中心百分比较低，中心区域服务范围不能辐射整个园区，导致供员工生活、交流的集中外部空间不足。而对于中心百分比较高的园区，可以分为两种情况，若中心为景观，因中心较大，员工对其利用率不高，缺乏人气、活力；如果中心为集中配套设施，相对来说，园区配套设施数量较多，在某种程度上，园区布局合理。

通过上文采用定量的方式对调研案例进行分析可以得出目前国内多数科技园区建筑密度区间范围为 15% ~ 25%，中心百分比区间范围为 4% ~ 10%。建筑密度体现了园区内建筑的整体空间布局状况，园区中心百分比则反映了园区为内部企业及员工提供外部空间或者配套服务设施的能力，同时，在一定程度上也反映了园区内部土地的利用率。

3.3 影响因子之三：建筑组团

作为为人们提供生活、工作于一体的科技园区，规划不是简单的道路、建筑的组合。建筑密度的量化指标反映在园区空间结构布局上表现为建筑的疏密，中心百分比的量化指标体现了园区集中公共空间或者配套设施的多少，对于人们生活、工作、休闲娱乐依托的物质场所——建筑，多以组团的方式存在，从功能上来分主要包括两种因子：研发组团和配套设施。空间结构物质三要素主要包括园区中心、研发组团、配套设施，园区空间结构是否合理则体现为三者在空间布局上的相对位置关系。

科技园规划设计建筑布局以研发组团为主，但配套设施分布是否合理、是否具有多样性直接影响园区人们的工作、生活及园区活力。不同科技园区建设的时间、区位不同，制约因素也存在差异，最终导致园区配套设施的种类、数量评价没有统一的标准，因此下文将采取定性的分析方式，结合量化指标情况，选择两项指标（建筑密度区间范围为15%～25%、中心百分比为4%～10%）基本在其区间范围内的园区（表3-3），结合配套设施在园区的分布方式，同研发组团及园区中心的相对位置关系作进一步分析，通过具体案例，来探讨更加合理的空间结构类型。

量化分析指标相对合理的园区　　表3-3

园区名称	地区	建设时间	建筑密度	空间结构形式	中心百分比
中关村软件园一期	北京	2001年建设	15%	B3	10. 10%
中关村软件园二期	北京	2011年建设	17%	A1	3.82%
上海浦东软件园祖冲之园	上海	2004年建设	15%	B4	10.06%
上海浦东软件园昆山园	上海	2009年建设	24%	A2	10.36%
上海金桥Officepark	上海	2012年建设	14%	B1	9.37%
滨海信息安全产业园	天津	2013年建设	25%	A1	4.20%
苏州2.5产业园	苏州	2011年建设	22%	A2	12.11%
苏州国际科技园一至四期	苏州	2000年建设	24%	A2	9.70%
苏州国际科技园五期（创意产业园）	苏州	2006年建设	26%	A2	8.94%
苏州国际科技园七期（云计算中心）	苏州	2011年建设	25%	A2	3.96%
光谷软件园	武汉	2000年建设	21%	B2	7.90%
光谷生物城	武汉	2008年建设	16%	B2	4.90%
武汉大学科技园	武汉	2000年建设	17%	A3	4.80%
厦门软件园一期	厦门	1998年建设	20%	A2	11. 15%
厦门软件园三期	厦门	2011年建设	9%	B1	14. 20%

（数据来源：作者计算整理）

3.3.1 研发组团与配套设施布局

结合实际案例，根据园区建筑与中心的位置关系及各组团自身特点，将园区建筑布局方式分为四种（图3-8）。即：点式、线式、面式以及点线面组合式。4种布局方式特点如下：

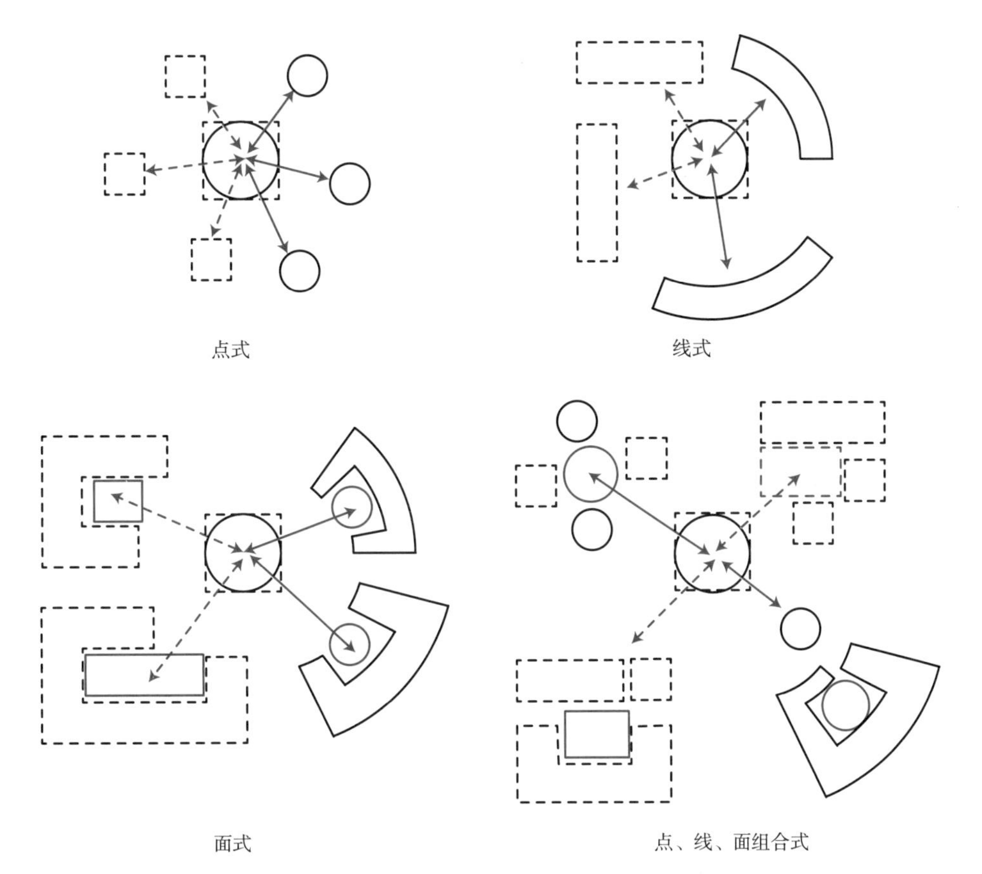

图 3-8 园区建筑布局样式（图片来源：作者自绘）

（1）点式：园区内建筑单体无内部中心，各建筑单体围绕园区中心呈点式布局方式，建筑单体直接与园区中心景观发生互动关系。

（2）线式：园区内建筑单体无内部中心，各建筑单体围绕园区中心呈线式布局方式，建筑单体直接与园区中心景观发生互动关系。

（3）面式：建筑单体通过组合形成组团，组团有内部中心，建筑组团围绕园区中心呈环式布局方式，靠近园区中心的建筑或者组团与园区中心景观发生互动关系，外层建筑或者组团不能直接与中心景观发生互动。

（4）点、线、面组合式：建筑单体或者组团通过点、线组合，线、面组合式以及点、线、面组合的方式形成新的建筑组团，建筑组团通过多种组合形式产生多种布局样式，靠近园区中心的建筑或者组团与园区中心景观发生互动关系，外层建筑或者组团不能直接与中心景观发生互动。

3.3.2 不同布局园区案例分析

经量化分析后，选取量化指标相对合理的园区案例包括：中关村软件园一期、中关村软件园二期、上海浦东软件园祖冲之园、上海浦东软件园昆山园、上海金桥 Officepark 、滨海信息安全产业园、苏州 2.5 产业园、苏州国际科技园一至四期、苏州国际科技园五期（创意产业园）、苏州国际科技园七期（云计算中心）、光谷软件园、光谷生物城、武汉大学科技园、厦门软件园一期、厦门软件园三期。下文将结合不同布局样式对每一园区进行讨论分析，由于各个园区建设的时期、建设背景等其他因素的不同，且多数科技园在建设之初用地性质为工业用地，本书讨论是在排除工业用地指标对配套设施的影响，基于案例调研的客观前提下开展的。

（1）**点式布局案例：**滨海信息安全产业园。

滨海信息安全产业园（图 3-9）由两地块组成，两地块之间建筑组团无明显界限，在强调园区与园区之间、园区与外部环境联系与过渡的同时，更注重园区内部建筑组团之间的互动。各地块内部均有中心景观，因园区规模相对较小，研发办公建筑（图 3-9a）围绕中心水体（图 3-9b）呈点式布局，建筑可直接通过形式多样的户外平台与园区中心景观发生互动关系，但园区内部除极少数户外体育运动设施外，基本没有相应生活服务配套设施，园区属于产业先行模式。

（2）**线式布局案例：**厦门软件园一期。

厦门软件园一期（图 3-10）园区规模相对较小，建筑组团（图 3-10a）围绕中心水体（图 3-10b）呈线式布局，建筑通过户外平台直接与中心景观发生互动关系，园区内部，除结合中心水体配有少量餐饮（图 3-10c），部分建筑组团内部有小型便利店外（图 3-10d），其余建筑基本全为研发组团，园区服务配套设施类型较少，属于产业先行模式。

（3）**面式布局案例包括：**中关村软件园一期、中关村软件园二期。

中关村软件园一期、二期（图 3-11）以“浮岛”作为设计理念，一期以水体为中心景观、二期以中心景观为绿地。以一期为例，每个“浮岛”（图 3-11a）相对独立，各建筑组团均有内部中心（图 3-11b），为强调与园区中心的呼应，浮岛内部中心多以水体形式存在。靠近园区中心的研发组团通过组团中心或者

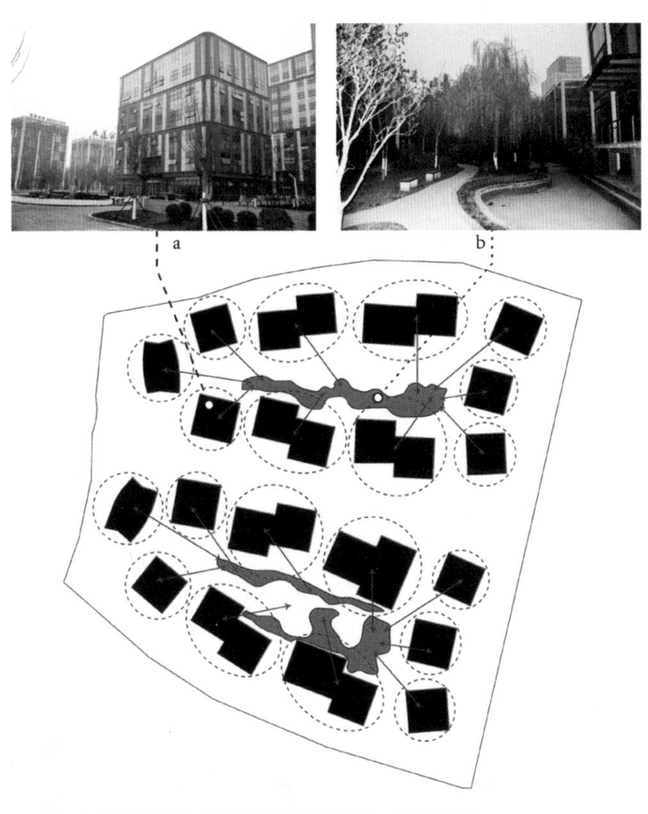

图 3-9 滨海信息安全产业园（图片来源：作者自绘）

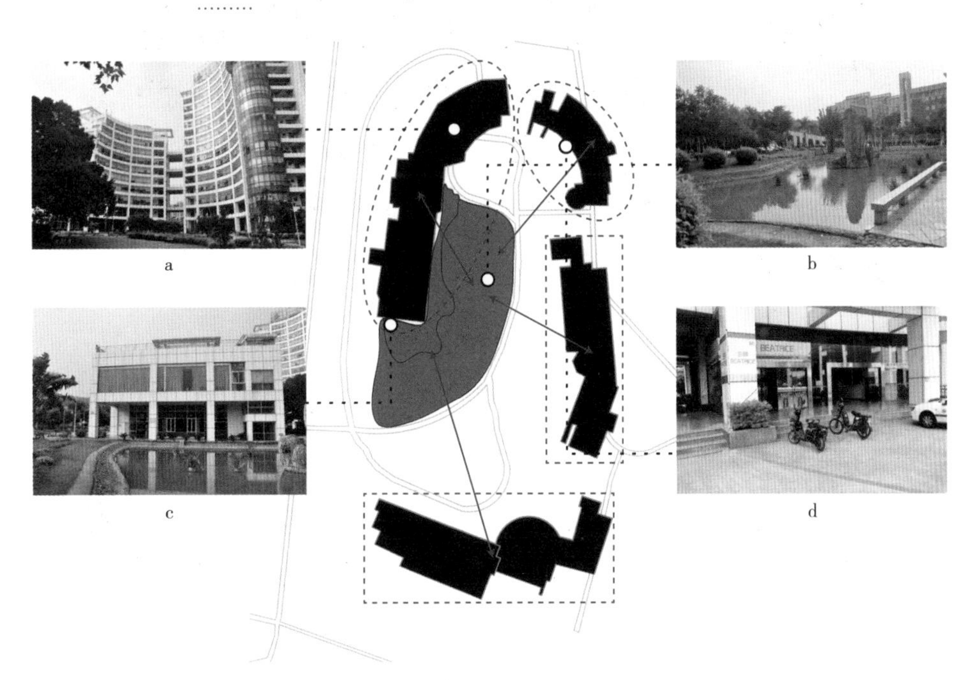

图 3-10 厦门软件园一期（图片来源：作者自绘）

组团外部景观与中心景观（图 3-11c）发生互动关系。中关村软件园一期集中配有餐饮、商业，在园区内部集中设有体育运动设施（图 3-11d、图 3-11e、图 3-11f），建筑组团内部缺乏分散的配套设施。二期基本无配套设施，属于产业先行模式。在建设过程中，由于一期地块划分将可建设用地与周边绿化一同划为整体地块出售，使得可建设用地周边绿化资金投入量不足，无法实现原规划中的森林及浮岛效果，对于“浮岛”内的浅水也无法实现，导致园区最终突出整体景

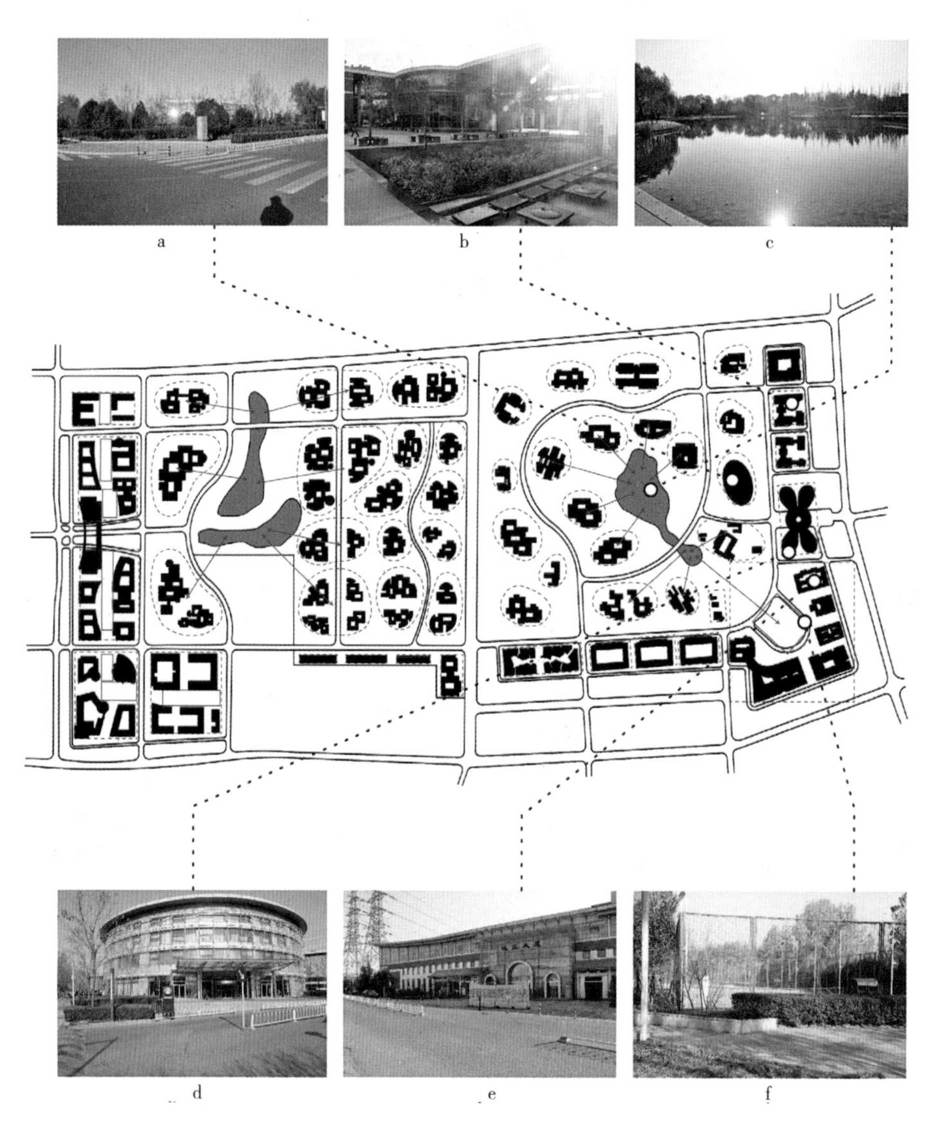

图 3-11 中关村软件园一期、二期（图片来源：作者自绘）

观——“中心水体”。

（4）点、线、面组合式布局案例包括：上海浦东软件园昆山园、上海金桥Officepark、苏州2.5产业园、苏州国际科技园一至四期、苏州国际科技园七期、苏州国际科技园五期、光谷生物城、武汉大学科技园、光谷软件园、上海浦东软件园祖冲之园、厦门软件园三期。

上海浦东软件园昆山园（图3-12）建筑采用点、线组合布局方式，各建筑组团（图3-12a）无中心，直接通过户外平台与中心景观（图3-12b）产生互动；大型餐饮及会议中心结合中心景观集中布置（图3-12c），部分商业结合研发组团（图3-12d）、住宅（图3-12e）围绕中心景观分布。总体来说，园区各功能建筑布局较为合理，配套设施种类齐全，且大型配套设施集中布置，商业、住宅结合研发组团分散布置，研发组团内部分散配有小型便利店，园区服务与产业同步发展，属于产业与服务并行的模式。

上海金桥Officepark（图3-13）建筑采用点、线组合布局方式，各组团（图3-13a）无中心，直接通过户外平台与中心景观（图3-13b）产生互动；大型餐饮及少量商业（图3-13c）结合中心景观集中布置，进而带动了园区的活

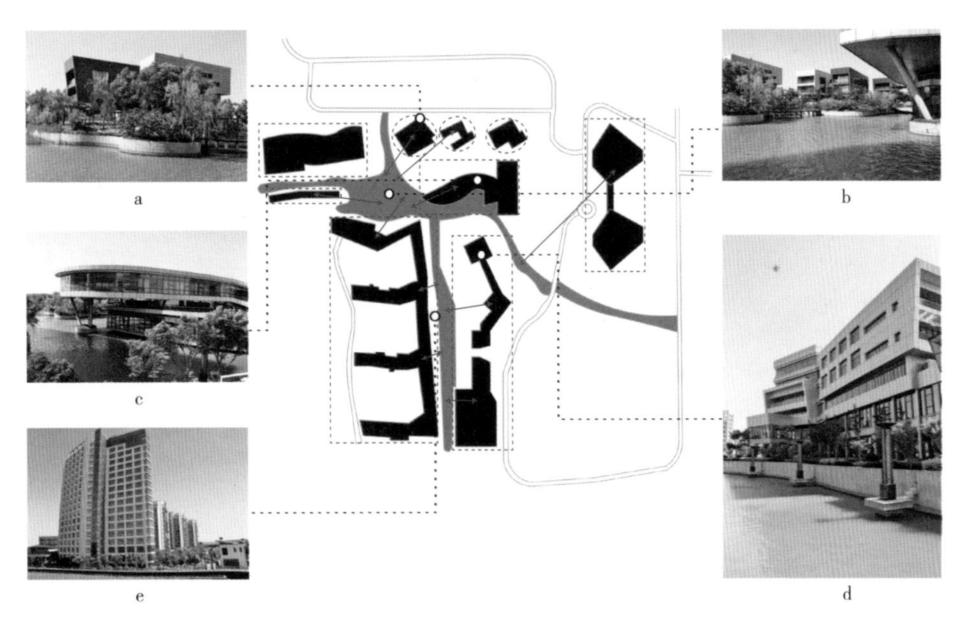

图3-12 浦东软件园昆山园（图片来源：作者自绘）

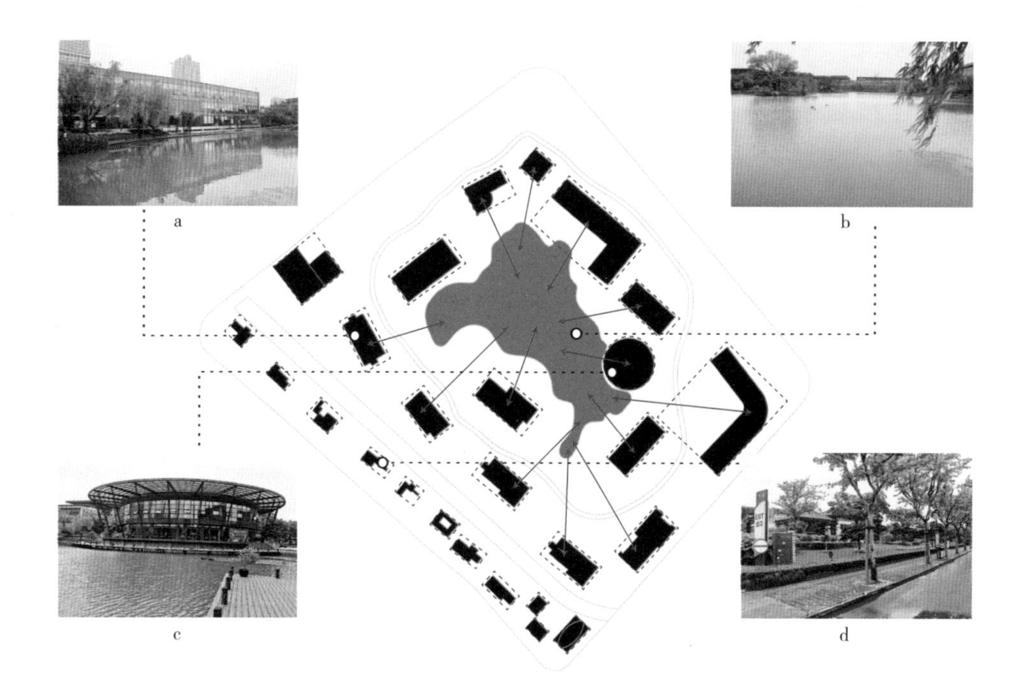

图 3-13 上海金桥 Officepark（图片来源：作者自绘）

力，外侧分散布置有餐饮及休闲商业（图 3-13d），能够满足园区人们的生活需求。总体来说，园区建筑布局合理，活力较高，配套设施集中布置，种类丰富，属于产业与服务并行的模式。

苏州 2.5 产业园（图 3-14）建筑采用线、面组合布局方式，线式组团（图 3-14a）无中心，直接通过户外平台（图 3-14b）与中心产生互动；面式组团通过建筑围合形成中心（图 3-14c），且多数组团中心注重与园区中心的互动。大型餐饮（图 3-14d）及会议（图 3-14e）配套设施形成园区中心，商业（图 3-14f）沿园区外侧布置。园区研发组团及配套设施布局合理，园区活力较高，大型会议及餐饮中心集中布置，商业及其他配套设施分散布置，属于产业与服务并行的模式。

苏州国际科技园一至四期（图 3-15）由两部分组成，一至三期（图 3-15a、图 3-15b）建筑通过线、面式组合形成园区中心，位于内侧的多数建筑都能与中心发生互动关系；四期（图 3-15c、图 3-15d）建筑通过围合形成相对独立的具有内部中心的组团。一至三期内部分散布置有餐饮及少量商业（图

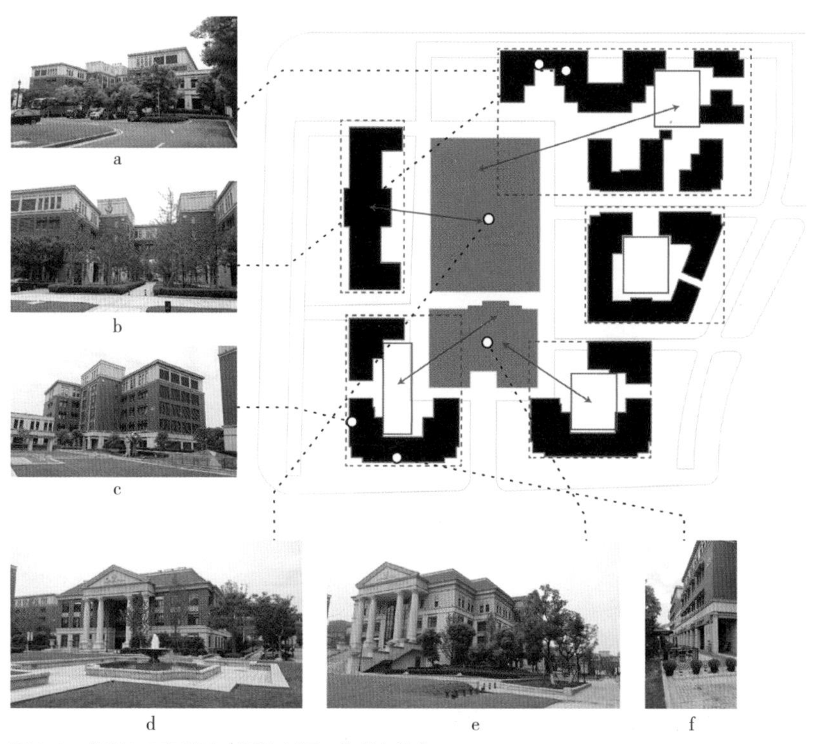

图 3-14 苏州 2.5 产业园（图片来源：作者自绘）

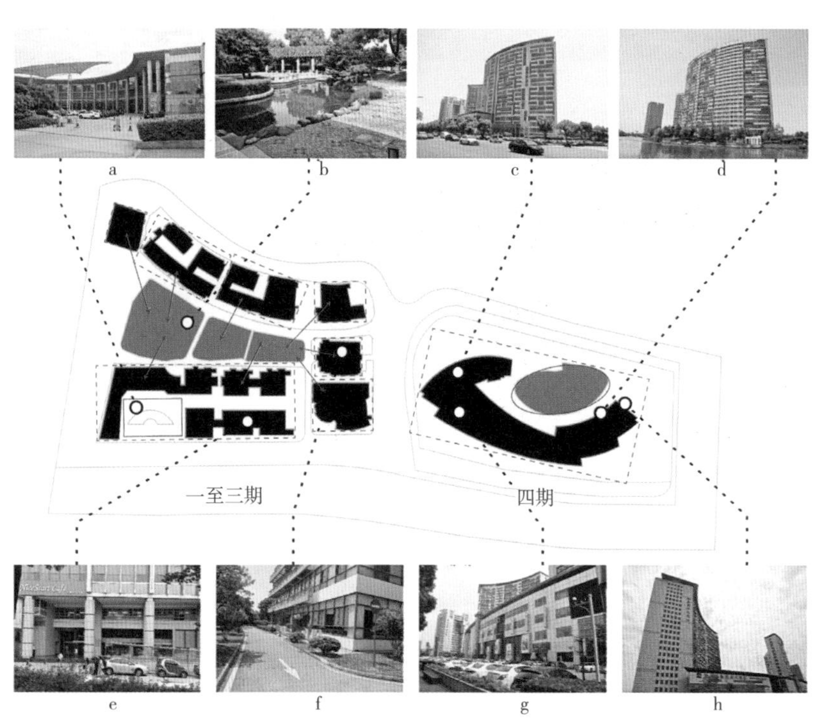

图 3-15 苏州国际科技园一至四期（图片来源：作者自绘）

3-15e、图 3-15f），四期集中布置大型餐饮及商务休闲配套设施（图 3-15g、图 3-15h），但集中配套设施位于园区一侧，给园区另外一侧员工使用带来不便。总体来说，随着园区的发展，园区内部配套设施种类不断完善、数量不断增多，由初期时餐饮、便利店至后期酒店、体育及商务休闲设施，属于产业先行模式。

苏州国际科技园七期（图 3-16）建筑采用线、面布局方式，由于受城市道路影响，园区被分为两部分，园区中部为研发组团及服务中心，园区两端各部分通过建筑围合形成中心，建筑均能直接与中心发生互动关系；由于园区目前正在建设之中，配套设施还不完善，属于产业与服务并行的模式。

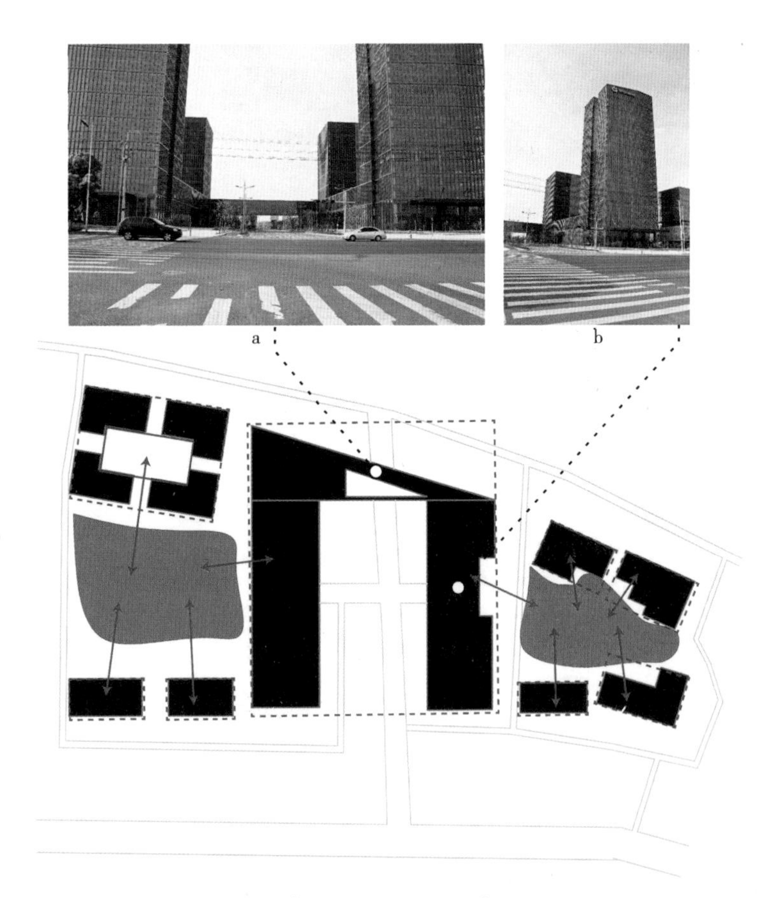

图 3-16 苏州国际科技园七期（图片来源：作者自绘）

苏州国际科技园五期（图 3-17）建筑采用点、线、面组合的布局方式，点、线式建筑（图 3-17a）无内部中心，面式建筑组团（图 3-17b）有内部中心，靠近园区中心的建筑或者建筑组团可直接与中心（图 3-17c）发生互动关系，外层建筑不能与中心发生互动；服务中心、会议中心（图 3-17d）及商业中心（图 3-17e）位于园区一端，通过围合形成组团中心，餐饮（图 3-17f）集中位于园区另一端，配套设施过于集中布置，缺少分散位于研发组团内部的小型餐饮及商业，给园区内部员工生活带来不便利，属于产业与服务并行的模式。

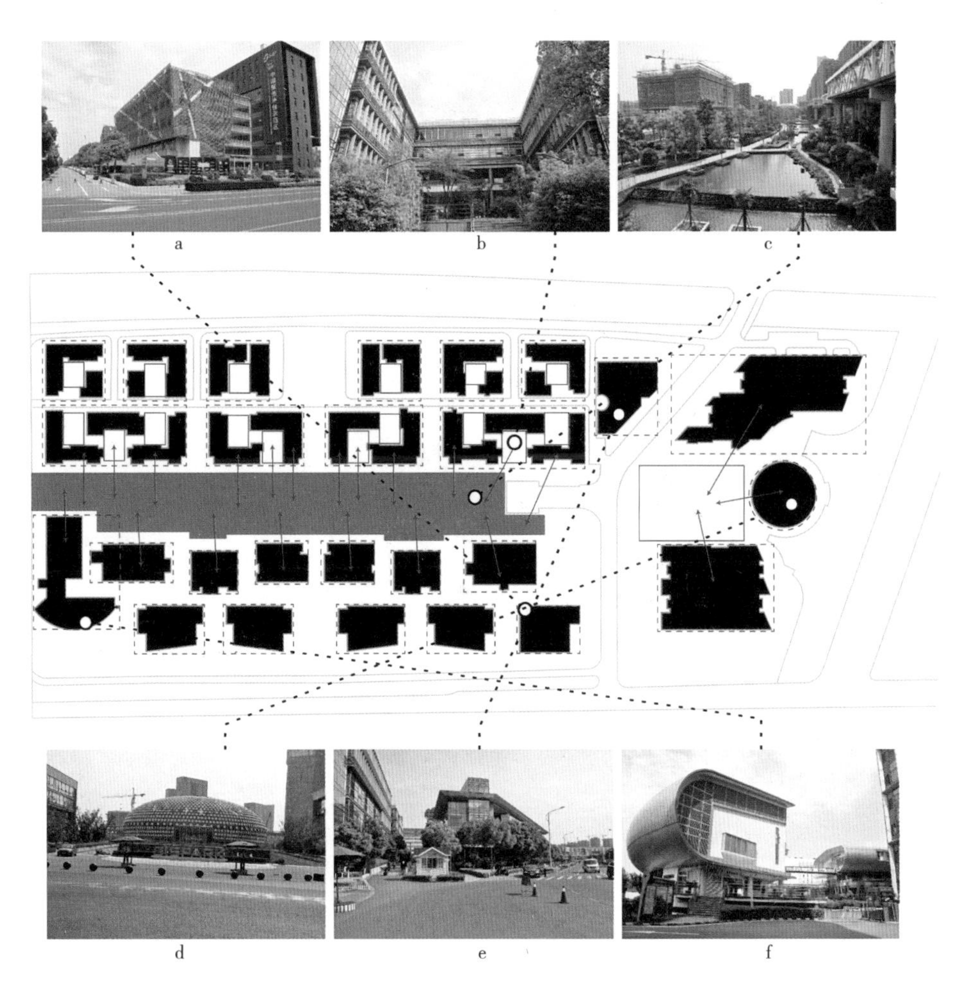

图 3-17 苏州国际科技园五期（图片来源：作者自绘）

光谷生物城（图 3–18）建筑采用点、线、面组合的布局方式，靠近园区中心的建筑（图 3–18a）及建筑组团（图 3–18b）可以与园区中心（图 3–18c）发生互动，外侧建筑采用不同组合方式形成组团中心，多数组团中心不能与园区中心发生互动。结合园区中心景观布置有服务中心、酒店、餐饮集中配套设施（图 3–18d、图 3–18e），建筑组团内部分散布置有少量餐饮、便利店（图 3–18f、图 3–18g），外侧圈层有居住、体育休闲、商业、餐饮配套设施，配套设施种类相对齐全，属于产业与服务并行的模式。

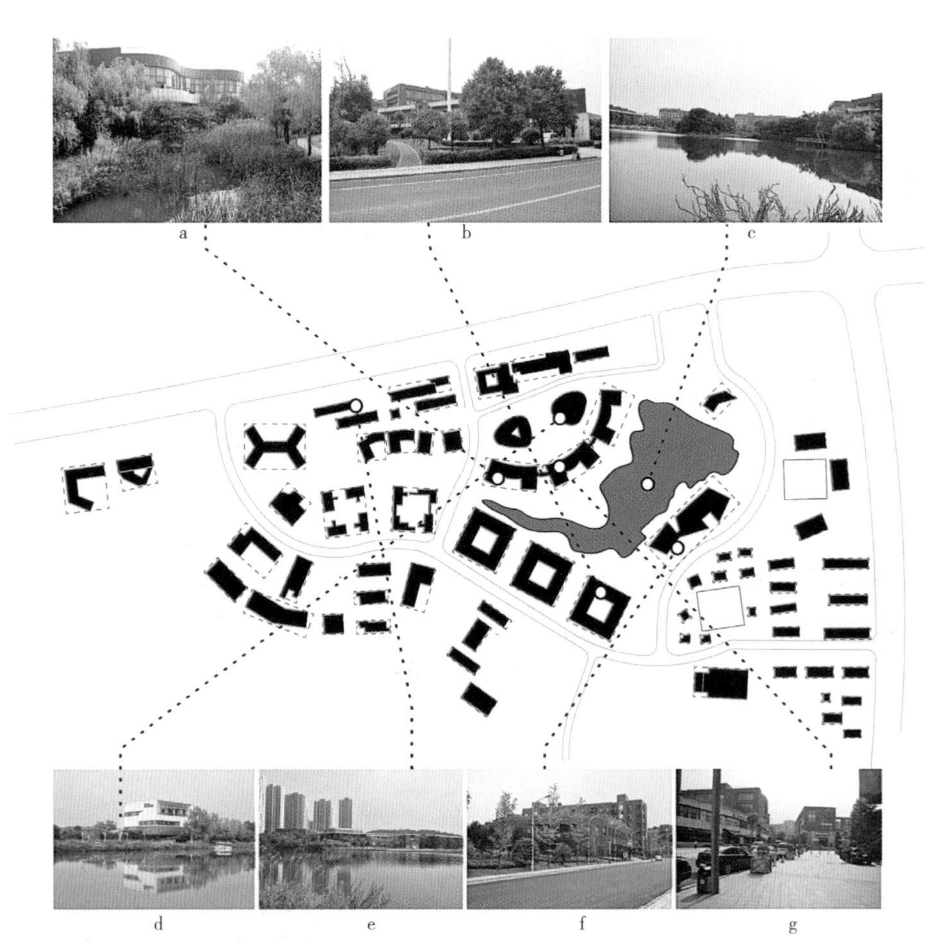

图 3-18 光谷生物城（图片来源：作者自绘）

武汉大学科技园（图 3-19）建筑采用点、线、面组合的布局方式，靠近园区中心的建筑组团可以与园区中心发生互动，外侧建筑采用不同组合方式形成组团中心，多数组团中心不能与园区中心发生互动。园区外层分布有商业、餐饮，建筑组团内部缺少相应分散餐饮、商业配套设施，整体来说，园区配套设施种类及数量较少，属于产业先行的模式。

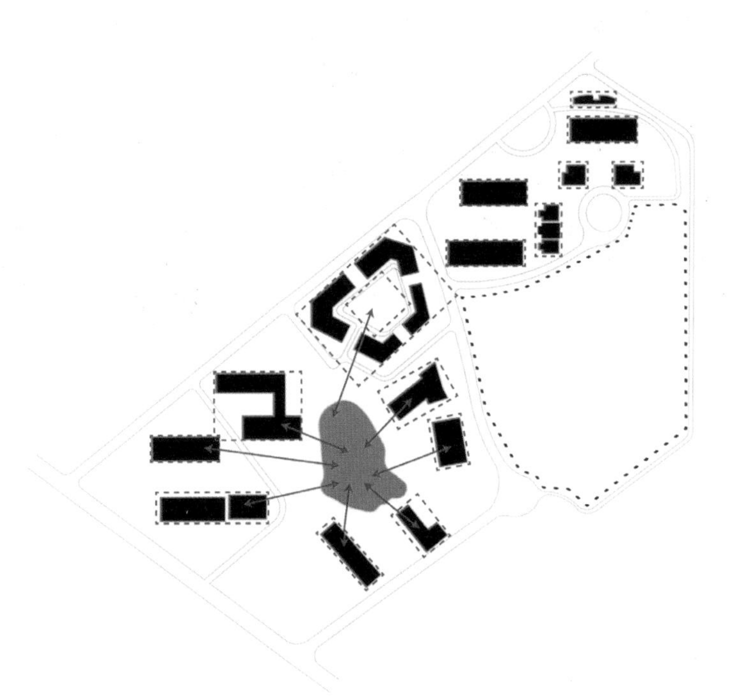

图 3-19 武汉大学科技园（图片来源：作者自绘）

光谷软件园（图 3-20）建筑采用点、线、面组合的布局方式，靠近园区中心的建筑（图 3-20a）可以与园区中心水体（图 3-20b）直接发生互动或者通过组团中心（图 3-20c）与园区中心发生互动，外侧建筑采用不同组合方式形成组团，多数组团中心不能与园区中心发生互动。园区外层布置有酒店、餐饮、商业配套设施（图 3-20d），但园区内部缺乏与工作、生活相关的大型集中配套服务设施，且建筑组团内部缺少分散配套设施，总体来说，园区内部整体活力不高，属于产业先行的发展模式。

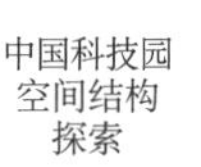

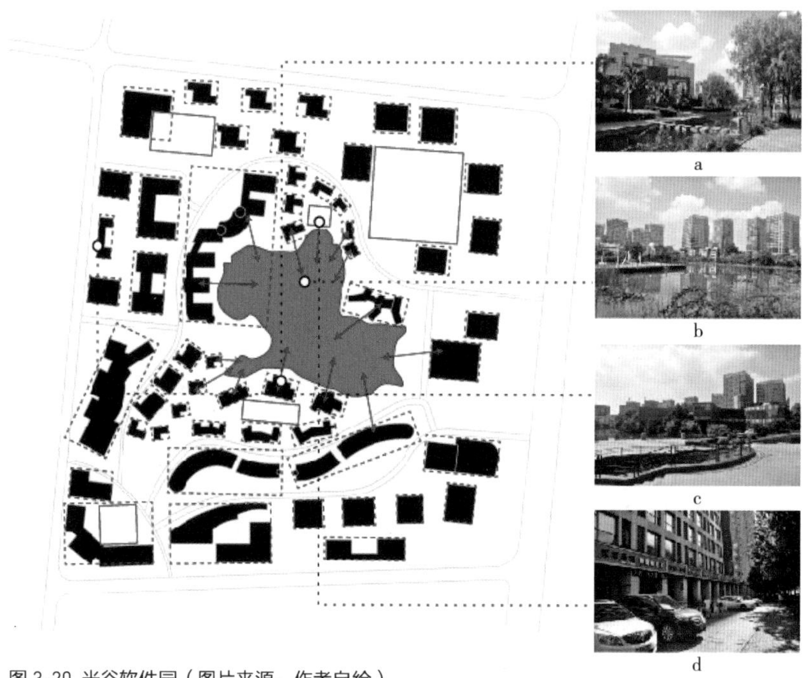

图 3-20 光谷软件园（图片来源：作者自绘）

上海浦东软件园祖冲之园（图 3-21）建筑采用点、线、面组合的布局方式，靠近园区中心的建筑（图 3-21a）可以与园区中心（图 3-21b）直接发生互动，外层建筑及组团不能与园区中心发生互动。园区靠近中心景观为研发组团及少量餐饮配套设施，中间圈层无配套设施，外层集中配有国际商业中心、酒店、住宅（图 3-21c），配套设施类型较多，但外侧配套设施过于集中，且研发组团内部缺少相应分散配套设施，如：餐饮、便利店等，属于产业与服务并行的模式。

厦门软件园三期（图 3-22）建筑采用点、线、面组合的布局方式，点、线式建筑通过组合形成组团，且各组团有中心，靠近园区中心的建筑或者组团可直接与中心景观发生互动，外层组团不能直接与中心发生互动。园区中心景观为山体，靠近中心景观为研发组团及服务中心，外层为研发组团、酒店、公寓、商业及相关配套设施，属于产业与服务并行的模式。

通过采用定性的方法对园区建筑组团布局方式及分布现状分析后可以发现：

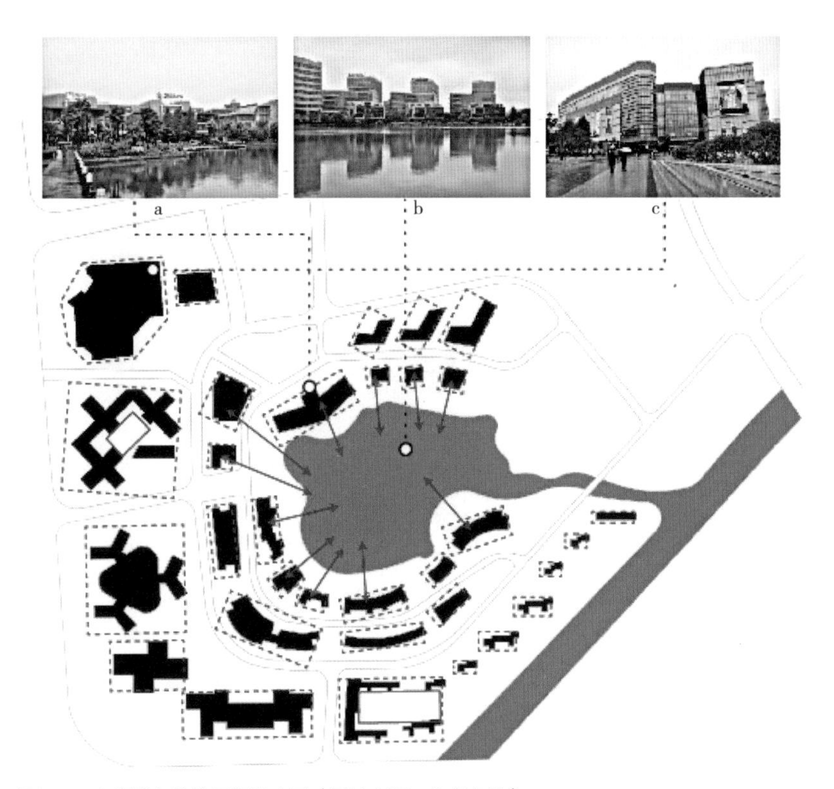

图 3-21 上海浦东软件园祖冲之园（图片来源：作者自绘）

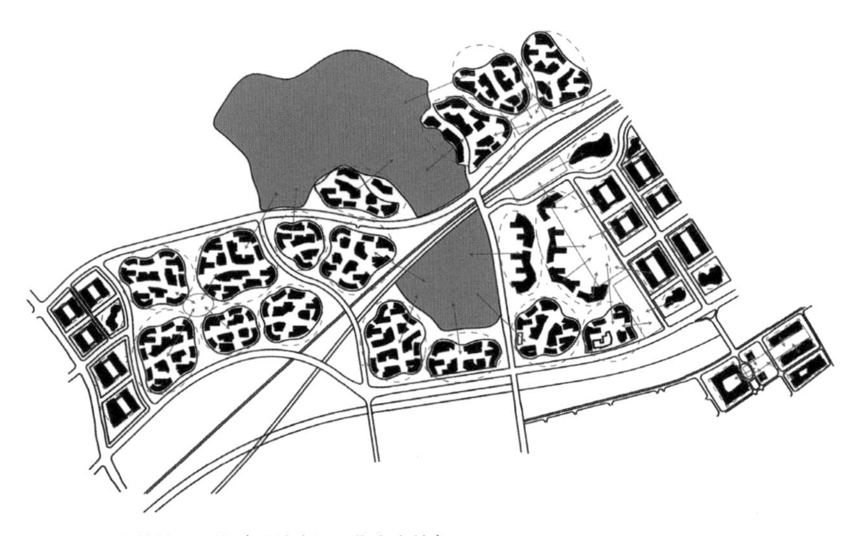

图 3-22 厦门软件园三期（图片来源：作者自绘）

（1）目前国内大多数科技园区采用面式或点、线、面组合的布局方式，少数规模较小的园区采用点式或线式布局方式；

（2）随着时间的推移，我国科技园区经历了由只注重产业发展到产业与服务并行的发展模式；

（3）建筑的布局方式在一定程度上可以反映园区内部研发组团和配套设施分布状况，建筑组团同中心的相对关系、配套设施的分布情况均是作为评价园区空间结构是否合理，园区是否具有人性化设计的依据，配套设施分布是否合理直接影响园区人们的工作生活，进而对园区的活力产生影响。

综合以上分析，相对来说，两种主要空间结构类型空间结构较为合理的园区包括：上海浦东软件园昆山园、苏州 2.5 产业园、上海金桥 Officepark、中关村软件园一期、厦门软件园三期 。

3.4 影响因子之四：配套设施

完善的基础配套设施对加速科技园发展及促进其空间分布形态演变起着很大的推动作用。科技园的基础设施包括交通、邮电、供水供电、商业服务、科研和技术服务、园林绿化、环境保护、文化、卫生事业等市政公用工程设施和公共生活服务设施等。

良好的创新环境和外部条件是国际一流科技园区发展成功的重要原因。优美的环境在景观建设上的物质表现就是创造横向和多方位的交流空间。而配套设施是保证科技园运转的重要保障，除市政基础设施外，关乎科技园人员的生活、服务、休息、健身娱乐等，配套设施布局是否合理是科技园好坏的评判依据。

具体地说，综合配套体系包括商业、餐饮、会议、展览、居住、物业、康体、休闲等多功能的综合服务设施。在我国科技园发展的过程中，综合配套服务体系也在不断地发展和建立，随着科技园的发展，配套设施的比例、内容和布局方式也在发生着变化。

3.4.1 配套设施的比例

我国早期的科技园多位于工业区，大多也远离城市核心区。由于工业用地配套设施所占比例受到限制，配套部分的比例仅为 5%~8%，这个比例除去市政配套外基本上已无生活配套可言，所以，给科技园的员工带来了生活上的很大不便。

随着科技园建设逐渐发展，配套设施比例也不断在增加，科技园的建设者已发现了存在的问题，为了园区能良性地发展，解决配套问题已成为了园区建设的关键。除了考虑园区周边现有的配套设施外，园区内部的配套设施比例逐渐由 10% 增加到了 30%。配套设施的比例标志着园区的人性化程度。

理想的配套设施比例应该为：

园区位于市区：配套设施比例不少于 5%，可借助园区周边的城市配套设施；

园区位于郊外：配套设施比例为 10%~15%，部分借助周边的配套设施；

园区位于远郊：配套设施比例为 20%~30%，基本以自身配套服务为主。

当然，除区位影响外，配套设施比例也并不受以上规律所制约，园区配套设施考虑比例越大其人性化程度越高。

3.4.2 配套设施空间布局的演变

科技园配套设施在布局上早期为点式布局，由于早期比例较低，配套设施基本集中布置，服务半径远远不足，给园区内员工的生活带来较大不便。随着科技园区配套设施比例的增加，配套设施在布局上也发生了变化，由点式发展成多点与面式相结合。点面结合的方式主要是考虑到服务半径的需要，为整个园区提供无死角服务。未来的科技园应该更注重人性化设计与服务，为使得员工最方便地得到配套服务，配套设施将呈线式布局，贯穿于整个园区。线式配套功能主要有快餐、娱乐、健身、咖啡酒吧、书吧、洗衣房、花店以及公寓和酒店，员工可以最方便地生活与交流，从而更好地投入到科研工作中。

所以，配套设施空间布局从点式—点面结合—线面结合发生演变。下面列举几个案例加以解释：

（1）点式布局案例：北京中关村软件园。

北京中关村软件园一期规划初期将东侧地块规划为配套服务设施，以作为城市与园区间的过渡。目前建设的有国际会议中心、康体中心、健康服务中心、配套酒店、物业及社区服务站。早期建设过程中配套设施较少，园区发现问题后而陆续建设的以上的一些服务设施，同时将一部分地块改为居住配套以满足员工的生活需要。虽然在园区西北角设有运动球场，但大部分配套设施基本以点式布局在东南方向，配套设施比例较低（图 3-23）。

随着园区的建设过程，发现配套不足的情况后，园区在努力加大配套服务的功能需求。软件园软件广场的建设完善了配套功能，软件广场作为园区标志性建筑，由四部分组成，其主要功能包括国际会议中心、精品酒店、餐饮、展览、会议、会所、健身、娱乐和各种交往空间。

（2）点面结合式布局案例：厦门软件园三期。

厦门软件园三期位于厦门集美后溪镇，集美新城核心区以北。园区建设既有

图 3-23 北京中关村软件园一期配套设施分布图（图片来源：作者自绘）

利于集美新城功能完善，充分发挥城市次中心作用，分担本岛的部分功能；又可利用集美文教区和三大基地的建设带来人才和产业集聚的优势，可以成为园区良好的产业依托。

由于规模较大，配套设施以点式布局将无法满足服务需要。规划设计理念是将研发组团以“聚落”形式分散于整个园区之中，每个“聚落”组团便成为一个服务单元，配套设施布局在每个组团中，配套功能包括公寓、酒店、餐饮、公共服务、信息公共平台、嵌入式企业的生产配套等。

在东南侧与集美新城之间以及西侧与灌口片区之间形成了两处面式的配套服务区，作为园区与外部城市片区间的过渡与衔接。这两处片区主要功能为城市次中心级别的商业、餐饮、酒店、公园、体育建设、大型国际会议和展览以及孵化器等。从而形成了点式与面式相结合的配套设施布局，既可满足园区员工必需的生活服务需求，又可满足外来人员与园区间的交往。该园区的配套设施比例高达30%，是注重园区人性化的典型案例（图 3-24）。

（3）点线面结合式布局案例：福建平潭软件园。

平潭软件园位于福建省平潭综合试验区，是祖国大陆距台湾本岛最近的地区，具有对台交流合作的独特优势。不仅作为推动两岸关系和平发展的新载体，

图 3-24 厦门软件园三期配套设施分布图（图片来源：作者自绘）

打造台湾同胞“第二生活圈”，也有利于探索两岸合作的新模式，成为新时期深化改革、扩大开放的新路径。

园区的特点是容积率较高，达到了 2.65。在高容积率下，园区的人员相对密集度较高。配套设施的布局考虑了对人员服务的便捷，所以采用以线式与面式相结合的方式布局。

全区建筑组团建筑按 100 米、50 米和 24 米形成三种空间层次。高层塔式建筑以公寓和研发功能为主，共裙房部分底层为商业，上部为组团停车楼。高层板式建筑为研发楼，将中庭与空中绿化庭院相结合，形成人性化的办公场所。办公空间可进行灵活划分，适应软件企业办公灵活性的特点。多层建筑均分布在中央绿地附近，环境最佳，为总部研发楼。各组团建筑高低错落，按功能不同形成不同的空间和环境效果，组团自身的配套齐全、完备，有利于招商与分期建设。

园区规划了一条闭合的步行内街，该内街与各组团串联，并汇聚于综合体。步行内街周边设有小型配套服务功能，如咖啡厅、快餐厅、健身房、洗衣房、花店、礼品店、小超市等，为研发楼内的员工提供最便捷的服务（图 3-25）。

整个软件园区功能分为研发办公与配套服务两大部分。而规划将两部分功能

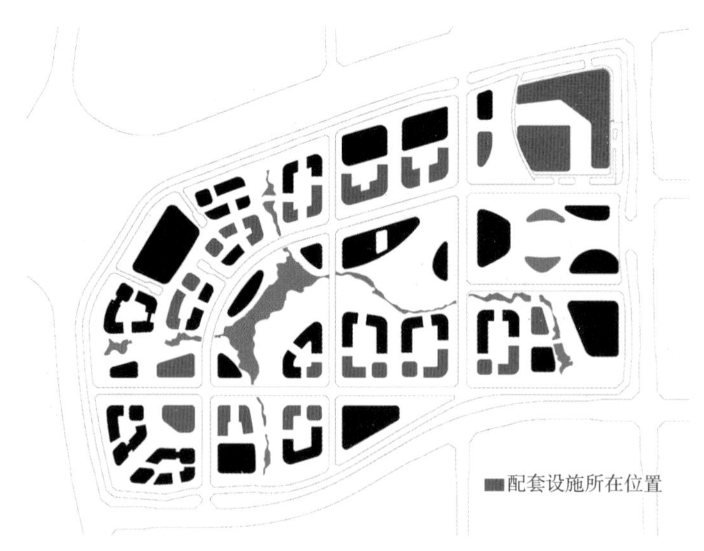

图 3-25 平潭软件园配套设施分布图（图片来源：作者自绘）

进行复合，每个组团配套齐全，形成多个复合组团。配套服务分三级，一级为园区级，二级为组团级，三级为步行街，三级服务贯穿于各组团。也符合软件从业者的生活方式和工作特点。园区配套设施比例为 20%。

从以上案例可以总结出科技园配套设施布局随着科技园规模和发展而发生着变化：一方面在越来越注重人性化的时代配套设施的布局逐渐深入到研发组团中，另一方面土地利用效率越来越高也使得配套设施的比例不断加大。

一般来说，规模较小的园区配套设施适合点式布局；中等规模的园区配套设施适合点面结合的布局；而大型或超大型园区适合点线面结合的布局方式。

3.5 科技园合理的空间结构

结合不同影响因子的特点，采用不同的方式对其进行分析，在对园区建筑密度、中心百分比采用量化分析的基础上，对建筑组团采用定性的方式进行分析。通过量化分析可以较为直观地看出目前国内科技园区在规划设计时采用的量化指标，建筑密度及中心百分比从量化指标上反映园区整体是否具有均好性；通过定性的方式来探讨建筑组团的布局样式及其同中心的相对关系，配套设施的分布情况在一定程度上能够体现出园区设计是否“人性化”。总结各因子对两种主要空间结构类型产生的影响，可以得出两种空间结构类型呈现出的异同及园区分布相对合理的空间结构模式。

通过定性分析可以得出配套设施分布在满足多样性的前提下，较为合理的布置原则——“大集中，小分散”，即相对来说公共等级较高的大型配套设施集中配置，如会议中心、展览、餐饮、服务中心等；小分散，即与员工生活联系紧密的便利型配套设施分散布置到各建筑组团内，方便员工的使用，小分散配套设施除基本的餐饮、便利店外，还可以设置咖啡、书吧、小型商务中心等。

3.5.1 两种主要空间结构类型的异同

两种主要空间结构类型的科技园区在园区整体规划布局、圈层功能分布方面受政策、产业结构、特定时期建成环境等诸多因素的影响，园区配套设施的种类、数量及分布方式呈现出一定的规律和特点，结合国家重要时间节点以及我国产业与服务发展模式的类型，自我国真正意义上科技园出现至本书调研案例截止，即2000年至2015年，时间跨度为我国"十五"、"十一五"及"十二五"规划期间，园区空间结构类型发展呈现出一定的规律和特点。

（1）统一性。随着时间的推移，在三个时间段内格网式空间类型园区圈层经历了由两层变为三层，然后又变为两层；环式空间格局类型园区则随着时间的推移园区圈层数量由四层变为三层并且保持稳定状态。总体来说，两种空间结构类型的园区随着时间的推移圈层数量经历了由多到少的过程（图3-26）。

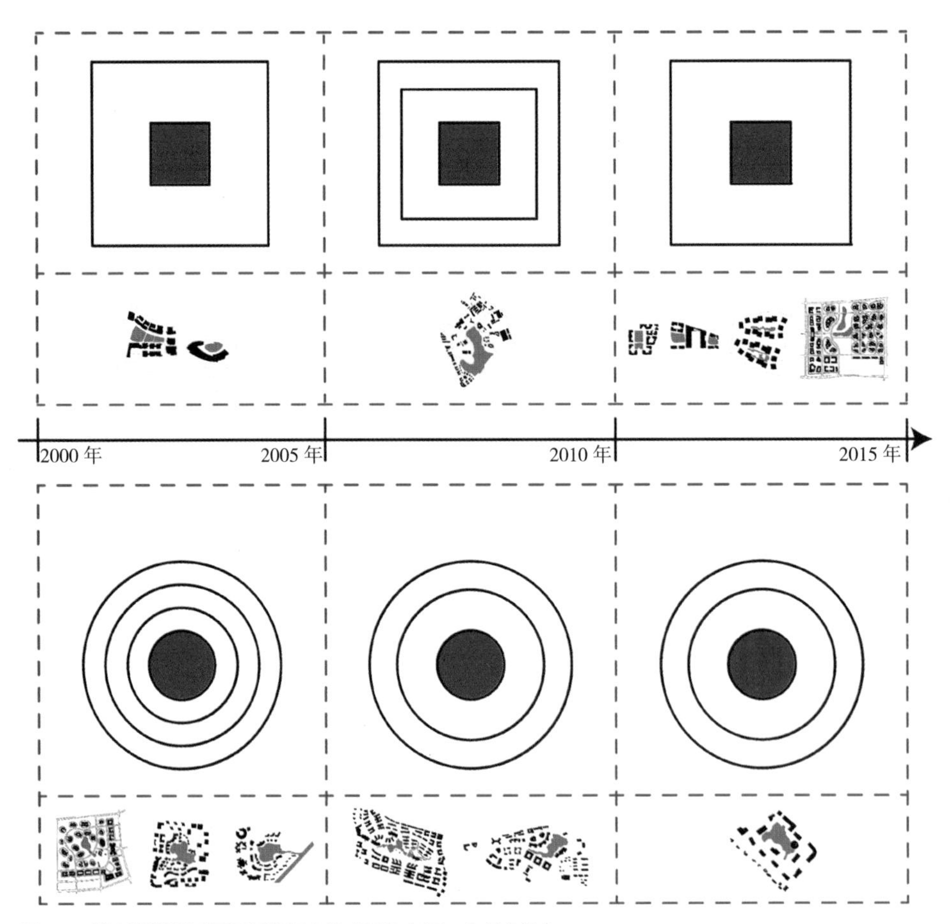

图3-26 随时间推移园区圈层数量变化（图片来源：作者自绘）

此外，对于圈层数量为三层及三层以上的园区，外层建筑组团与中心的互动关系得不到很好的体现。物质要素四因子中，随着时间的推移，配套设施种类、数量均在不断发生变化，但多数园区配套设施分布不能以“人性化”设计为出发点，以提高园区活力为目标，很好地利用中心要素，做到配套设施“大集中，小分散”分布。

产生这一现象的原因归结为在园区实际运营过程中，开始逐步关注对人的关怀，圈层数量减少，园区中心的共享性得到提升，中心可达性及中心服务半径得到提升。本书讨论的科技园多为“一区多园”或者分期建设的科技园，各圈层的构成要素为建筑单体或者建筑组团，由于配套设施及园区中心的服务能力通过服务半径来体现，当园区规模较大时，为更好地体现均好性的设计原则及园区的可持续运行，鉴于园区发展的需求，往往会采用分区建设的方式来进行，如：中关村软件园、上海浦东软件园、厦门软件园及苏州 2.5 产业园的发展模式。

（2）差异性。格网式空间格局类型园区圈层数量多为两至三层，时期较早的园区圈层建筑多为研发组团，随着时间的推移，外侧圈层功能由原来的研发组团变为研发组团与配套设施结合（图 3-27）；环式空间格局类型园区多为三至四层，时期早的园区研发组团与配套设施沿不同圈层分布，后来逐步转换为研发组团结合配套设施在同一圈层分布（图 3-28）。不同时期，园区圈层数量、研发组团与配套设施的组合方式及沿圈层分布特点不同，更多表现为差异性，特定历史时期产业与服务发展模式的不同是导致各阶段段园区配套设施产生差异性的根本原因。

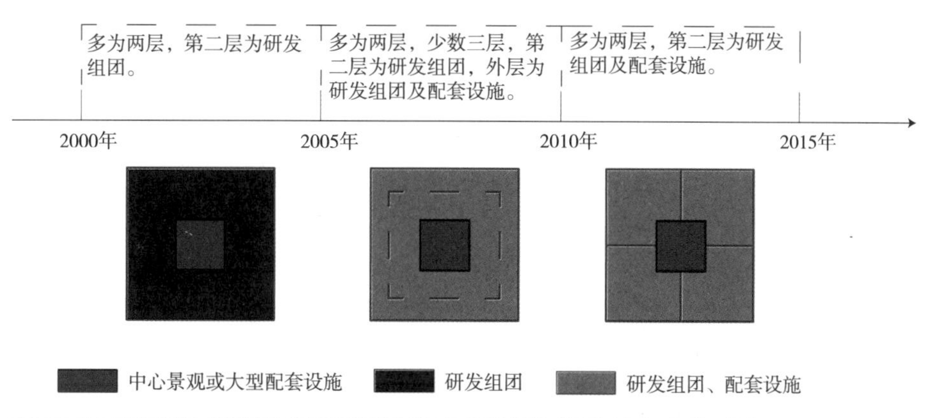

图 3-27 格网式空间格局类型园区配套设施分布随时间变化规律（图片来源：作者自绘）

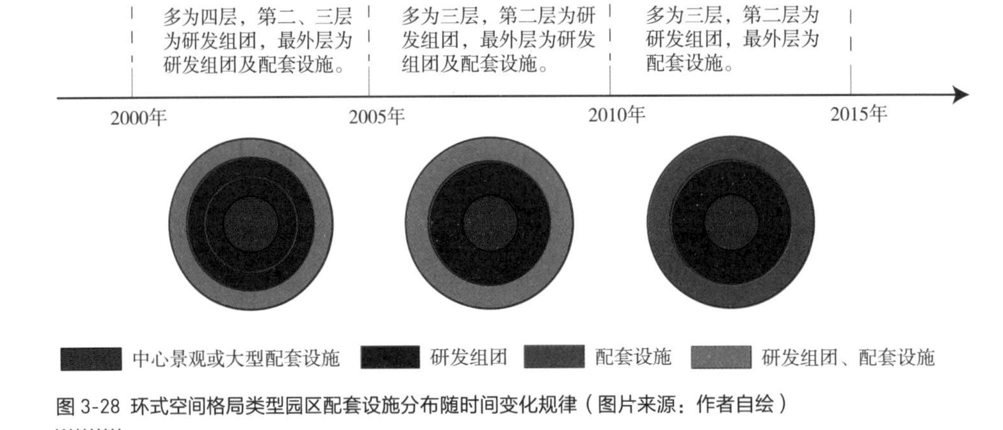

图 3-28 环式空间格局类型园区配套设施分布随时间变化规律（图片来源：作者自绘）

3.5.2 圈层式园区合理空间结构样式

科技园作为推动城市发展的主要因子之一，每个科技园区都应当通过科学的规划布局，以"人性化"设计为出发点，为员工提供舒适的外部环境及较完善的配套服务设施，将科技园区打造为集工作、生活、娱乐于一体的社区单元。结合以上案例对各因子的分析，目前国内园区圈层数量多为二至三层，总结相对合理的空间结构类型园区圈层数量及分布特点，以科技园内部空间结构两个圈层为例，合理空间结构样式（图 3-29）应当具备以下特点：

（1）园区中心。园区中心（A）为中心景观结合相应大型配套设施（餐饮、会议中心、服务中心等），体现"大集中"原则，通过集中配套设施带动园区中心活力；

（2）研发组团。中间圈层（B）以研发组团为主，研发组团自身形成组团中心并且能够与园区中心产生良好的互动，各研发组团配有小型配套设施如：小型餐饮、便利店、咖啡厅、书吧等，体现"小分散"分布原则，研发组团内部可以提供小型休闲娱乐场所及更多的非正式交流空间。

（3）研发组团结合配套设施。外层（C）研发组团结合配套设施，但以配套设施为主，为园区提供大型休闲商务、生活区，提供体育健身、大型购物、居住区配套设施等，但外部集中配套设施应当沿圈层均匀分布，避免过于集中，这样整个园区配套设施类型及分布能够更加关注"人性化"设计，"大集中、小分散"

的原则得到充分体现。

（4）各圈层建筑组团相对位置关系。B、C 圈层内各地块划分、建筑组团分布密度均衡，同时要考虑 B 圈层内建筑组团分布对 C 圈层内建筑分布的影响，充分考虑两圈层内建筑组团同中心的位置关系，确保各建筑组团都能够同园区中心产生良好的互动，均好性得到很好地体现。

当然，对于园区规模相对较小的科技园区，圈层数量为两层，合理圈层分布特点为：园区中心为中心景观结合大型集中配套设施，外部圈层则应为研发组团、配套设施结合布置，其分布特点与圈层数量为三层园区相同。

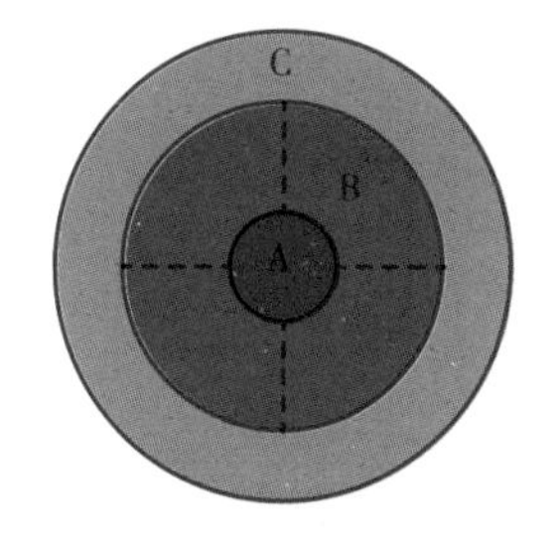

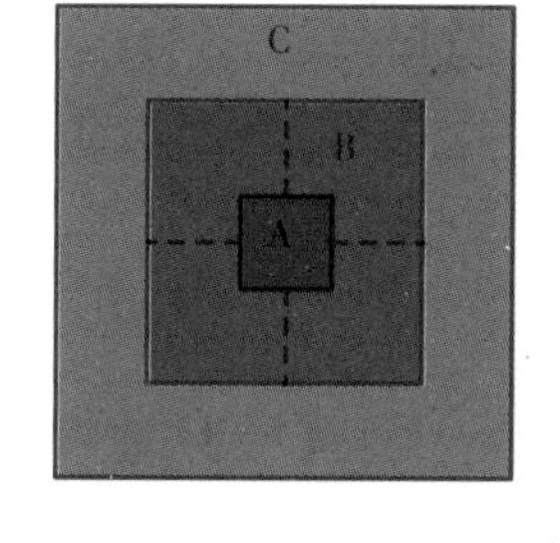

中心景观结合大型配套设施　研发组团、配套设施　研发组团、配套设施

图 3-29 园区合理空间结构类型圈层分布（图片来源：作者自绘）

第四章 科技园空间规划设计原则

一个空间结构合理的科技园，除了对自身园区物质要素的关注外，还应在园区规划之初考虑可持续的发展模式，预留弹性的发展空间，能够应对产业结构调整及其他外部因素对园区发展带来的挑战。

科技园空间规划设计应当本着“以人为本”的设计原则、“尊重自然生态”的设计理念，在注重园区整体空间布局的同时，更加强调个人及团队的场所设计；还要立足产业、园区公共配套设施可持续发展的需要，整体规划布局要有弹性。在注重研发组团、配套设施建筑布局样式的同时，更加关注园区内部职工的生活、工作以及休闲娱乐方式。配套设施的分布结合园区中心景观设计应当遵守“大集中，小分散”的原则。

4.1 弹性原则

随着国家产业结构的调整及园区职工工作、生活方式的转变，科技园区在最初空间规划时应当注重各地块的大小，为后期园区发展及产业结构的调整提供弹性开发的余地。此外，园区配套服务水平还应适应企业及员工需求的变化，满足由最初的对工作、生活的基本需求逐步转为对休闲娱乐设施、交流空间多样性转变可持续发展的需要。

4.1.1 以产业结构可持续性为目标

产业是科技园发展的基础，随着经济的发展，我国产业经历了由最初位于价值链底端的传统制造业，到逐步发展为适应国际发展趋势及国家经济需要的相关产业，如：服务外包、现代物流、文化创意、产业服务、2.5 产业等；同时，受国家政策的影响，尤其是“十二五”规划提出“七大战略性新兴产业创新发展工程”，《中国制造 2025》针对我国产业发展提出九项战略任务及重点方向，“十三五”规划进一步明确指出要深入实施《中国制造 2025》、支持战略性新兴产业发展，我国产业面临着不断升级转型的机遇与挑战。但是，在明确某些特定产业的同时，未来产业发展方向还具有不确定性，产业不确定性给科技园空间规划带来系列难题。

我国科技园为适应产业结构变化经历了由需求导向向供给导向转变的历程，但这还不能满足产业结构调整对园区规划设计提出的更高要求，新兴产业需要更高品质、更具人性化的物质空间。为保证园区活力与多样性，园区规划设计应立足未来，随时应对产业结构转型升级带来的挑战，以产业规划为前提，坚持可持续发展战略思想，作出科学、合理、操作性与实践性强的园区规划。

4.1.2 以地块面积可调适性为目标

园区空间规划受国家政策、开发模式等多重因素的影响，在后期建设过程中为满足开发商的利益及企业的需求，各功能地块面积要根据实际情况需要具有可调适性。以中关村软件园一期、厦门软件园三期为例。

中关村软件园一期（图 4-1）土地采用一级开发模式，由于当时我国的软件企业刚处于起步阶段，企业规模和发展均无法预测，企业的需求也在变化，所以规划以“浮岛”为理念，主要概念是体现“浮”字，即各地块可以变化、浮动、可大可小（图 4-2），每一地块具有面积和位置的可调适性。这样即为二级开发和招商带来了灵活性。

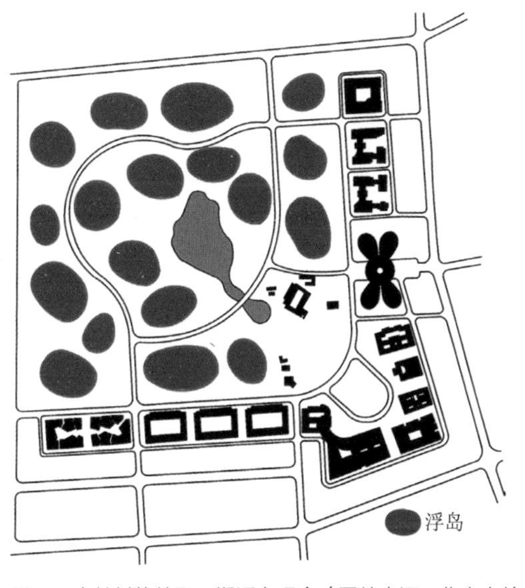

图 4-1 中关村软件园一期浮岛理念（图片来源：作者自绘）

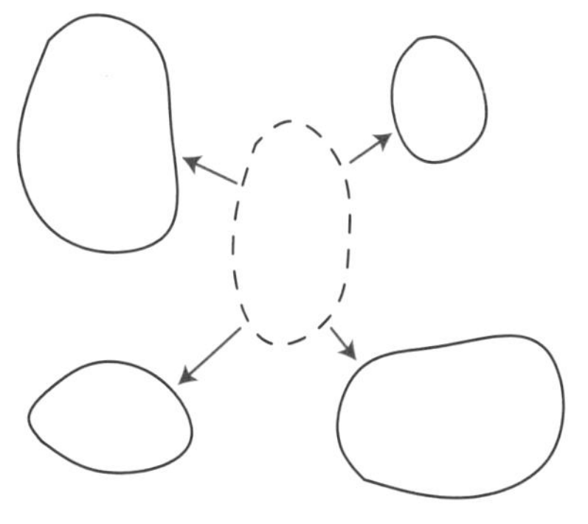

图 4-2 浮岛弹性变化（图片来源：作者自绘）

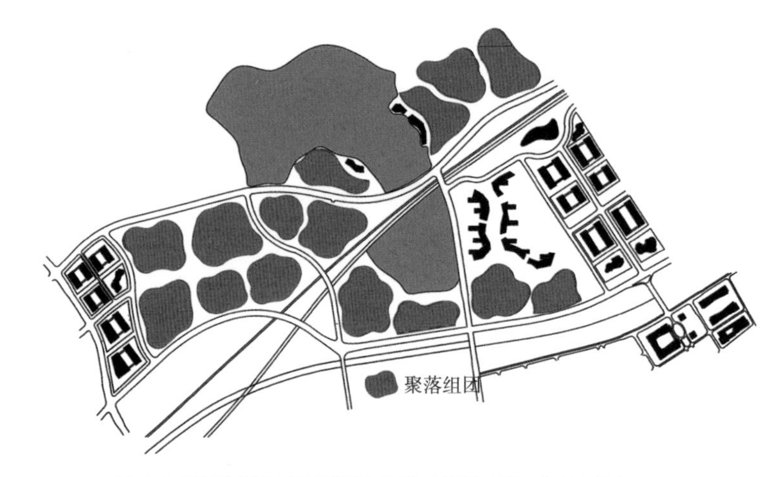

图 4-3 厦门软件园三期聚落组团理念（图片来源：作者自绘）

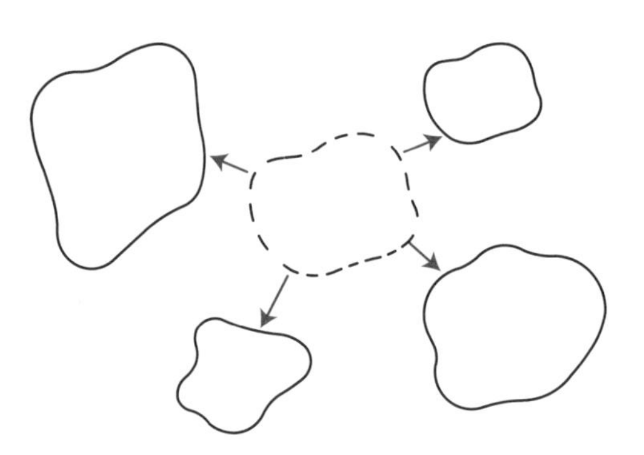

图 4-4 聚落组团弹性变化（图片来源：作者自绘）

厦门软件园三期（图 4-3）以“都市聚落”为设计理念，园区规划布局依山就势形成多个聚落组团，聚落组团具有弹性，可以依据不同企业类型、企业规模面积作出调整（图 4-4）。

4.1.3 以配套设施多样性为目标

随着我国科技园区的发展，园区的产业发展环境和园区物理环境得到逐步改善，在为园区提供良好硬环境的基础上，园区还应致力于打造优良的软环境，提升服务质量，构建全方位多层次的公共服务配套平台，确保园区持续、高效地运转。服务水平在较大程度上依赖于园区配套设施的质量，结合我国科技园区发展现状，初期多数园区采用“产业先行”发展模式；近年来，产业与服务并行的发展模式开始推广，配套设施的规模与种类相对比较完善，如：苏州 2.5 产业园、浦东软件园昆山园、上海金桥 officepark。

为确保园区服务水平，在规划设计之初应对配套设施分布及建设预留弹性发展空间，对于满足园区企业发展及员工基本生活需求的相关便利型配套设施，如：服务中心、餐饮、超市等，应在建设初期全方位辐射到园区每个建筑组团，并配有适量员工公寓；对于其他便利型配套设施及部分集中配套设施可以在园区规模发展到一定阶段逐步建设完善，如：会议中心、培训中心、大型休闲商务中心、体育设施；后期应逐步完善配套设施类型及品质，为员工提供更多交流平台，如改善建筑组团内部小型便利设施，增设咖啡吧、书吧，提供更多层次非正式交流空间，同时也应逐步改善园区景观、外部交流平台的质量。总之，配套设施要具有多样性，通过逐步提升与改善，分步骤、分阶段实施，从而确保园区可持续发展。

4.2 均好性原则

园区规划设计时，在控制建筑密度指标的基础上，还应确保所在各地块均匀分布，考虑各地块同中心的相对位置关系，各圈层建筑组团内部与外部空间的位置关系要合理，做到空间密度均衡。同时，为体现“人性化”的设计原则，中心及配套设施服务半径要合理、可达性要高。

4.2.1 以空间密度均衡性为目标

建筑密度反映出在一定用地范围内建筑的密集程度，在控制园区建筑密度的基础上，还应兼顾园区内部空间密度均衡性，即园区各地块密度均衡，建筑与外部空间、建筑与周边环境的比例均衡，进而确保除中心景观外，各建筑组团内部人员享受同等的外部空间活动场所。

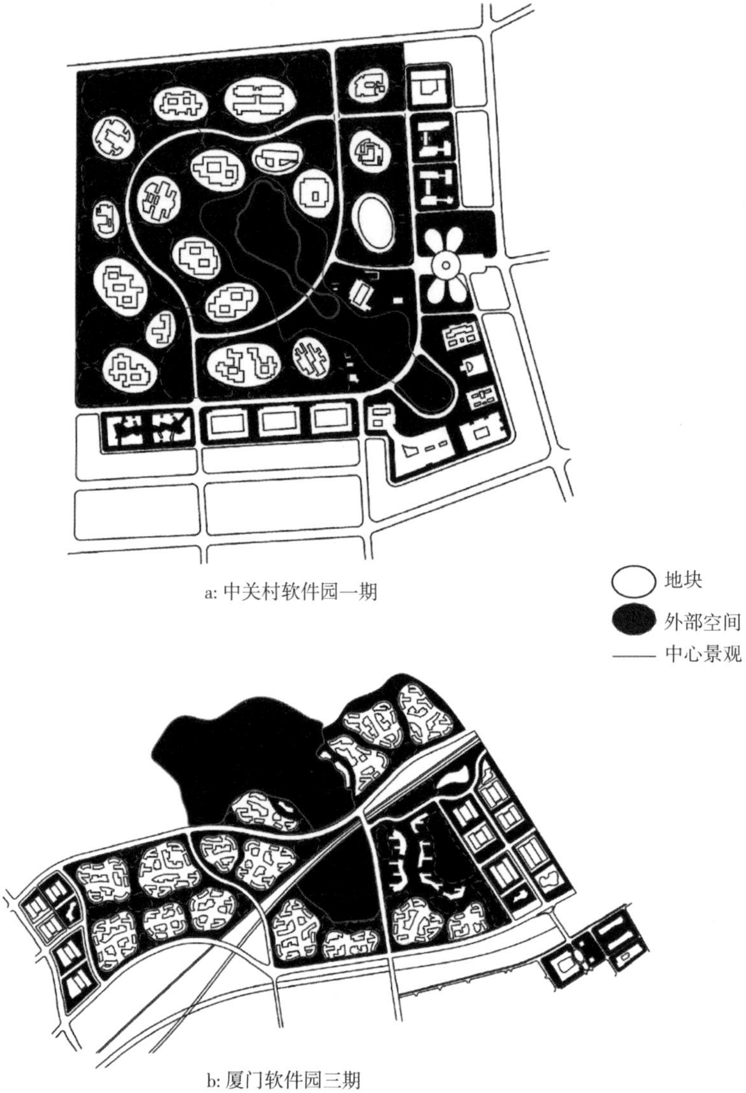

a: 中关村软件园一期

b: 厦门软件园三期

图 4-5 中关村软件园一期、厦门软件园三期（图片来源：作者自绘）

以中关村软件园一期（图 4-5a）、厦门软件园三期（图 4-5b）为例。除中心景观外，各地块建筑密度相当，建筑组团外部空间分布均匀，每一地块为内部员工提供外部活动空间相对均衡。

4.2.2 以服务半径合理性为目标

园区合理的服务半径是指内部员工到达相关配套设施的最大步行距离。结合上文分析，当园区中心百分比为合理区间内定值，且内部配套设施分布合理时，主要体现为到达园区中心以及相关配套设施的距离合理。科技园区自身的特点决定了内部员工的工作模式，工作节奏快、压力大、时间观念强，因此，为了给内部员工提供较为便捷周到的服务，各项配套设施服务半径不宜过大。当代科技园区规划设计应当充分考虑目前员工的工作和生活模式。科技园员工以研发为主，工作时间具有不确定性，往往一个项目研发期间大部分时间会常在办公室内，其生活模式需要便捷快速的服务，比如说快餐、洗衣和咖啡厅等是最需要的保证。配套设施采用线式布局方式时可将配套布局在研发组团建筑的底层，该布局方式是最为便捷的。如果采用点式布局，结合园区自身实际情况建议园区在规划设计时考虑合理数据指标如下：园区中心集中配套设施服务半径 R2 约 200 米，步行时间不超过 3min；服务半径 R3 约 400 米，步行时间约 4 ~ 6min；外层相关配额套设施服务半径 R4 约 300 米，步行时间约 3 ~ 5min；园区中心服务半径约 500 米，步行时间约 5 ~ 8min（图 4-6）。

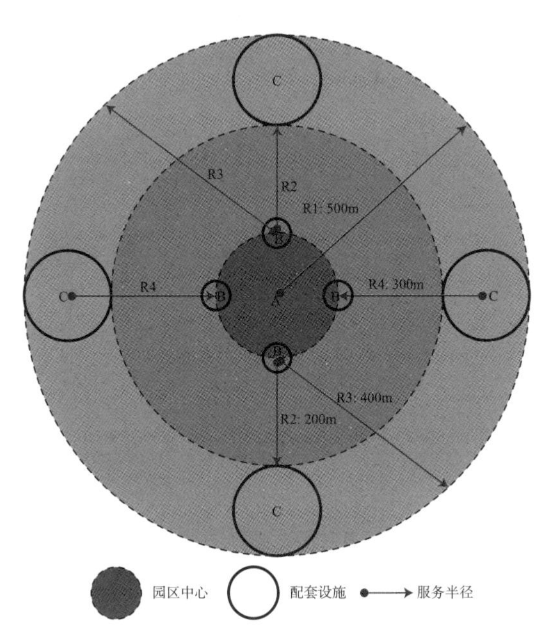

图 4-6 服务半径合理指标（图片来源：作者自绘）

4.2.3 以中心可达性为目标

可达性广泛应用于多个领域的研究，但是，对于可达性没有一个精确的定义，通常情况下，可达性可被理解为借助一种特定的交通系统从某一指定区位到达目的地的便利程度。在科技园空间规划设计时，要重点突出中心景观及相关配套设施的可达性。

以环式空间格局类型园区中心可达性（图 4-7）为例，靠近园区中心建筑组团（B）内部员工可直接通过外部联系平台由路径 1 到达园区中心（A），可达性最高；外层建筑组团由于受中间层建筑组团的影响，同园区中心的位置关系可分为两种类型即 C1、C2，C2 组团内部员工可以通过中间圈层两组团之间公共空间或者道路通过路径 2 到达园区中心；C1 组团内部员工到达园区中心的路径则要依据建筑组团 B 及周边道路情况而定，较为便捷的方式为直接经由组团 B 内部通过路径 3 到达中心 A，路径 5 可达性最低，路径 4 则是经由组团 B 周边到达中心，可达性介于路径 3 和 5 之间。

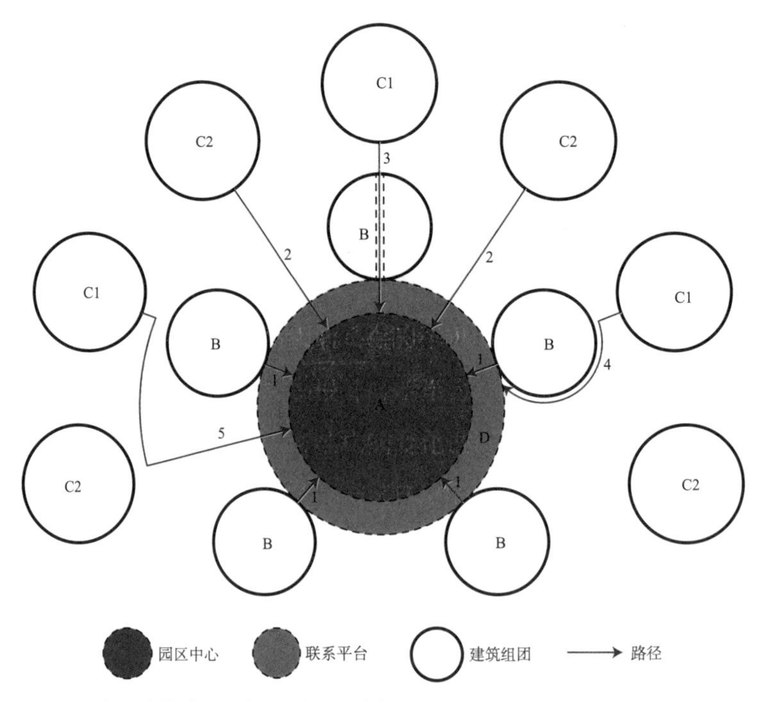

图 4-7 路径可达性（图片来源：作者自绘）

园区规划设计时，若为两层空间结构类型，则应通过形式多样的景观元素提高路径 1 的可达性，实例有：苏州 2.5 产业园、上海浦东软件园昆山园；若圈层数量为三，则应通过对组团 B 及周边环境的设计，如：建筑组团及其周边不应封闭，增加组团开放性，并进一步强化组团周边绿化景观，进一步提升路径 3、路径 4 的可达性，实例有：上海金桥 Officepark。

4.2.4 环境可达性

以中关村软件园和厦门软件园三期为例，中关村软件园采用的“浮岛”理念即是使每个研发组团具有相对的独立性，由于组团周边均为绿化环境，从而使每个“浮岛”组团自身均犹如置身于森林环境中，互不干扰，环境均好。从而为二级市场营销带来了方便，由于均好环境的存在，对每个组团的选择没有差异性。

厦门软件园三期的“聚落”组团是“浮岛”组团的放大。“聚落”组团中心为配套服务设施，而外圈层为研发办公，且逐层降低高度，使最外圈直接接触到大片绿化环境。各“聚落”间均以绿化环境环抱，形成了无环境差异的组团，同样有利于二级开放和使用。

环境的可达性对于科技园区非常重要，科技园作为脑力劳动的工厂，员工需要创造力和灵感迸发，将环境做到均好，才可使科技园区真正成为脑力工作者的最佳工作生活园区。

4.3 适宜性原则

当前我国经济实力及综合国力显著增强，城市化进程速度不断加快，在良好的外部形势下，科技园得到较好的发展，但由产业粗放型增长方式带来的生态问题也愈发明显。建设生态城市、生态园区成为新形势下全社会共同努力的目标，也是体现“以人为本”理念的具体举措。广义的“生态”包含了自然、社会、人文等多个方面的整体生态，重点强调本体与周边自然环境的共生关系，做到人与自然和谐相处。科技园规划设计时，既要尊重场地原有自然生态要素，对场地内原有要素进行保留或者利用，主要包括水体、绿地及其他场地要素；又要在强调人性化的空间设计的同时，引导企业及员工养成清洁生产、文明工作的理念，推广生态产业，追求人与自然的健康与活力，注重人与自然的互动。

4.3.1 以尊重自然生态景观为目标

园区发展以保护自然为基础，合理利用自然生态要素，开发建设保持在自然环境的承载能力之内。园区规划设计时，优先考虑自然条件，最大限度地保护和修复自然生态，结合规划条件、要求，综合考虑各种要素，尊重原有生态景观要素，结合原有水体、绿地及其他要素，对原有要素进行保留或者进行再利用，同时各建筑组团内部景观要素及建筑布局方式在形态上要与原生态形成一定的呼应，做到建筑与景观要素相融合。

以厦门软件园三期规划设计为例，规划用地范围内植被及水系保留较好，在充分尊重山体及水源生态的理念前提下，规划设计将其保留并借以利用。对于高差较大的山体，将其进行重新规划，绿化作为片区景观节点，进而提升园区的空间景观环境品质，丰富重要沿线通廊视觉效果，部分水体局部疏导、设计，形成组团式自然生态型水体及湿地；同时，生态要素渗透到各建筑组团，采用“聚落组团”的设计理念，各建筑组团依据地形，尺度有所差异，自由组合穿插出不同的空间形态，组团内部形成连续、浓茂的自然生态景观，组团外部空间形态与山体形成良好的呼应，居高远眺如同被绿色包围的浪潮；区域内良好的生态环境和自然景观为打造高水准的生态园区提供了可能，规划设计充分体现了对自然生态景观的尊重。

4.3.2 以推行可持续工作、生活模式为目标

在尊重自然、修复自然的基础上，还应减少人类活动对自然生态的消极影响。通过推广生态产业及生态技术，发展循环经济和生态环保产业，实现园区产业可持续发展；在满足员工各种物质及精神需求的基础上，通过推广生态价值观、人人自觉的生态意识，建立保护环境机制，形成良好的生产、工作和生活方

式；通过建立完善合理的服务配套体系，在保障员工正常工作生活的基础上，园区内部倡导绿色出行方式，建立更加完善的步行系统。

产业可持续发展、园区充满活力、员工健康舒心三者保持高度和谐，将“以人为本”的设计理念与“尊重自然”的生态思想完美结合，通过推行可持续的工作、生活模式，打造高水平、高科技含量的生态园区。

科技园空间规划设计受多重因素的影响，弹性和均好性立足园区物质空间结构要素，突出“人性化”的空间设计。弹性策略中，产业的可持续性确保园区健康稳定发展、地块面积的可调适性立足企业自身长远发展需要、配套设施多样性关注人的需求，映射出园区全方位的服务水平；均好性策略中，空间密度均衡性注重提升园区整体空间品质、服务半径合理性则为配套设施分布提供了科学依据，路径可达性及环境可达性较好地反映了“以人为本”的设计原则，并可创造适合脑力工作的理想科技园区。

适宜性更注重生态策略。结合园区可持续发展的战略需要，关注生态，尊重自然，强调人与自然和谐共生的关系。对自然景观的保护与再利用彰显出对自然的尊重，推行可持续工作、生活模式，阐述具体做法，从企业做起，从每个人做起，致力于达到人与自然和谐共生的目标。

第五章 未来科技园及其空间结构发展趋势

在“大众创业、万众创新”的时代背景下，科技创新在产业发展中的引领作用越来越重要，传统科技园区必须通过提升创新基础能力、优化创新组织体系、调整产业结构、加快产业转型升级，才能够应对面临的挑战，实施可持续的发展。未来科技园区集聚效应将会更加明显，园区功能也将会高度复合，同时，信息时代的到来，互联网运营模式也为科技园区的发展及空间结构类型创造了新的可能性。

5.1 传统园区升级转型新方向

为适应我国经济发展及科技创新的需要，受产业结构调整的影响，传统园区转型升级将是未来一段时期内科技园发展的新方向，对于依赖特定物质空间，研发、生产需要集中一起完成的产业，如：制造业，未来科技园区功能将会高度复合，集聚效应会更加明显，园区同园区之间、园区同城市之间的关系将会更加紧密。

5.1.1 功能高度复合、与城市共生

“十三五”规划进一步指出深入实施《中国制造 2025》，园区产业结构进行调整，加快由传统制造业向信息技术与先进制造业的结合，产业集聚效应增强，未来科技园的功能将会高度复合，在传统产学研一体发展模式的基础上，具备城市综合体的功能，兼具展示、教育、休闲、旅游等功能。

科技园对城市发展的推动作用越来越明显，城市发展到一定阶段后，科技园成为城市的重要组成部分，以社区单元的形式存在，同城市的边界变得模糊，同城市融合，向城市开放；同时，城市传统意义明确的功能地块划分被打破，新的组合模式创造出不同结构的混合单元，园区与城市共生（图 5-1）。

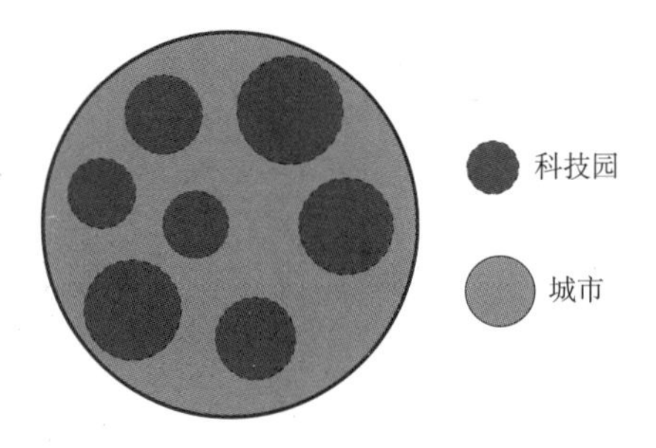

图 5-1 园区与城市共生（图片来源：作者自绘）

5.1.2 服务先行、打造定制型园区

目前多数科技园区以产业为核心，注重“产业”发展，“人”的需求没有得到充分地体现。未来科技园关注重点由“产业”转向“人”，坚持“以人为本”的设计原则，采取服务先行运行模式，依据不同企业的特殊性需求，提供较为完善的服务平台。

未来科技园区不仅要关注园区物质空间的建设，还应依据产业类型、企业需求，提供相应服务配套设施，打造“定制型园区”，营造“疯狂的工作伴随着疯狂的娱乐”园区文化氛围，随着园区文化、员工工作方式的转变，实现由“工厂”向“办公室”的转变。

5.2 互联网模式下园区运营新思路

2015 年，全球互联网覆盖率高达 44%，我国已经超过 50%，未来一段时期内，互联网将会以更快的速度席卷我们的工作、生活。信息时代的到来，互联网广泛应用于各个领域，“互联网 +”行动计划的实施，必然带动生产模式的变革。互联网的特征是“去中心化”和“边界模糊”，在互联网模式的影响下，当互联网发展到一定阶段，对于一些特定产业，工作团体、工作单元在家或者其他不固定场所通过采用现代通信手段完成本来需要集中在一起进行的工作，传统的集中式布局方式被分解，如：软件研发，科技园区在物理空间上将会呈现这样的可能性，即园区中心弱化、边界不明确，现有空间结构类型逐步消解，呈现分散化；人们的工作方式由传统封闭型转为高度互联化，园区内部建筑组团之间、企业之间及不同园区之间的边界变得不明确。

5.2.1 中心弱化、空间结构分散化

目前，国内多数传统科技园区（图 5-2a）依托于城市存在，被限定在城市的特定空间范围内，多数园区内部基本都有园区中心，且园区中心主体功能明

确，园区内工作团体或者工作单元围绕中心分布，因功能及相关位置关系的不同导致园区呈现出多种空间结构类型样式。

在经济全球一体的外部环境驱动下，国际合作交流越来越密切，互联网的广泛应用则给全球化的合作交流提供了较为便利的平台，未来科技园区（图 5-2b）在外部各种因素的作用下，将有可能打破传统科技园区的布局样式，园区内部的工作团体或者工作单元将会突破原有城市特定空间，分布于更大的区域范围，由原来的城市转为区域、全国，甚至全球，呈现分散化的特点。同时，原有园区的物质空间中心主体功能将会变得弱化，传统科技园的空间结构类型逐步消解。

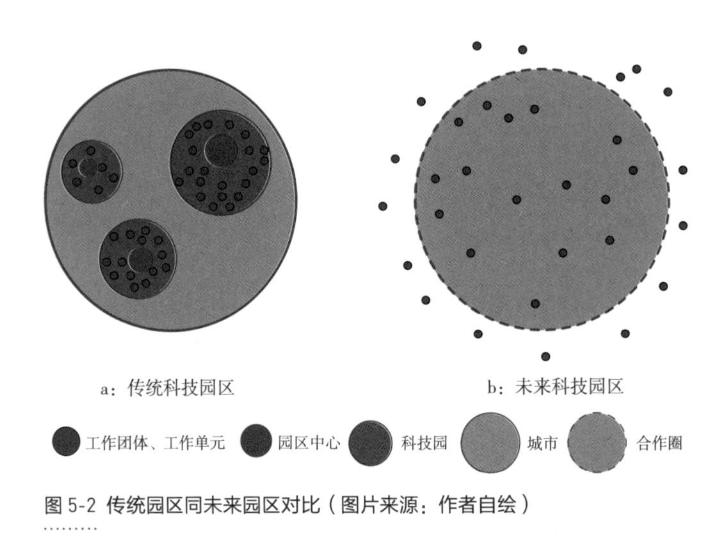

图 5-2 传统园区同未来园区对比（图片来源：作者自绘）

5.2.2 边界不明确、互联性为主

传统科技园区由于受到外部条件因素的制约依托城市存在，园区同园区之间、园区同城市其他要素之间有着严格的边界控制，相对来说较为封闭。受传统工作方式（图 5-3a）的影响，不同园区之间、园区内部工作组团、工作单元以及内部员工交流方式（图 5-3b）也受到制约，工作方式、交流方式单一，多以线式、面式互动为主。

在互联网模式的影响下，人们工作、生活方式发生了极大的改变，工作团体及工作单元分散化的分布打破了原有园区同城市、不同园区之间严格边界限制，人们通过多元化的网络平台合作交流，特定地域对城市、对园区的影响变弱，不同团体、单元或个人分散于城市或更大区域的不同位置，合作交流平台由线式、面式转为网式，互联性为主（图 5-3c）。

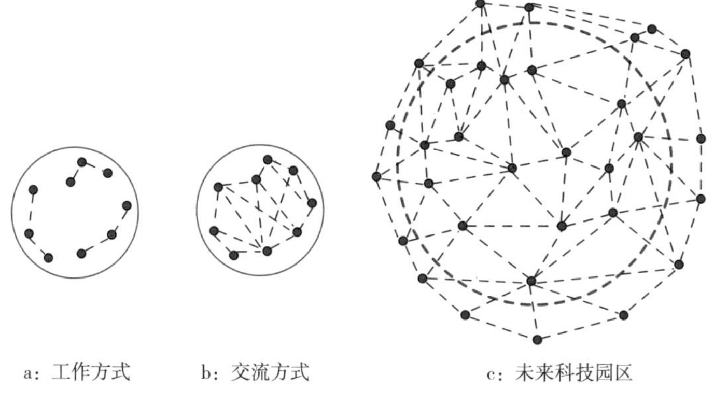

图 5-3 传统园区同未来园区对比（图片来源：作者自绘）

我国经济实力的增长，在推动科技进步的同时，向传统产业的发展提出了挑战，产业结构升级转型、优化现代产业体系将是未来一段时期内国家经济发展的主要目标。国家经济的发展必须以实体经济为依托，在培育壮大新兴产业的基础上，必须逐步实现由传统制造向先进制造、高端制造的转变，推进信息技术与制造技术的融合，全面推动产业转型升级。

在产业结构的调整、集聚效应增强等因素的影响下，传统科技园区也面临着升级转型的挑战，在改善硬环境的基础上，通过逐步搭建较为完善的服务平台，以"产业发展为目标"、以营造"健康、舒适"的园区环境为方向，打造新形势下适合我国经济、科技发展的新型园区。

信息时代的到来，在给人们生活带来便利的同时，也改变了人们的工作、生活方式，互联网模式将可能会打破一些特定产业园区的生产方式，园区空间结构在一定程度上逐步消解，中心弱化、空间结构分散化，但工作单元或者工作团体的交流平台将会更加便利。

5.3 绿色生态为主题的科技园

从国外科技园区发展来看，未来我国的科技园将更注重绿色生态和建筑技术的运用。

我国的科技园早期由于产业不明晰、聚集效应不足使得园区的规模和活力不够，园区呈现的是低容积率和低密度情况；随着科技发展及国家政策的鼓励，目前科技园区形成了高容积率和高密度的形态，是产业快速发展和高度集聚所产生的。而未来科技园的发展将更注重环境品质，更注重人性化和以人为本的原则，园区将呈现高容积率和低密度的空间布局：一方面土地紧张使得园区建设必须考虑充分利用土地资源，从而形成高容积率的园区；另一方面将建筑密度降低，创造更多的绿化环境来实现以人为本的理念。

以人为本并非是空谈，而是真正要结合科技园区员工的工作和生活模式，提供给他们更多的适合脑力工作者的工作生活环境，这要求环境质量和配套服务要大幅提高，使员工充满创造力。为了实现这个目标，需要运用绿色生态的理念，通过建筑技术来完成。

5.3.1 运用建筑技术、空间科学规划

未来科技园的规划设计将更注重建筑技术的运用，通过风、光、热、声等物理环境的计算机模拟来实现规划设计，保证园区达到被动式节约能耗的目的，并可创造适合于人员使用的室内外环境，同时也可以降低建筑的运营成本。

厦门软件园三期规划设计时考虑到厦门沿海特殊的气候环境及规划用地特殊的地形环境，将对园区局部的小气候构成一定的影响，所以分析园区范围内主导风向的特点，对整体规划进行了风环境的模拟（图 5-4）。通过模拟调整规划布局使得在场地范围内形成了若干自然通风走廊和向聚落空间内部渗透的风向通道，延续了场地风的渐进。此外通过架空聚落组团边界首层建筑的方式改善组团内的风环境，提升了园区内的舒适度，突出强调了环境才是园区的最重要因素。

福建平潭所处的地理位置经常受到热带风暴的影响，气象灾害主要是台风、

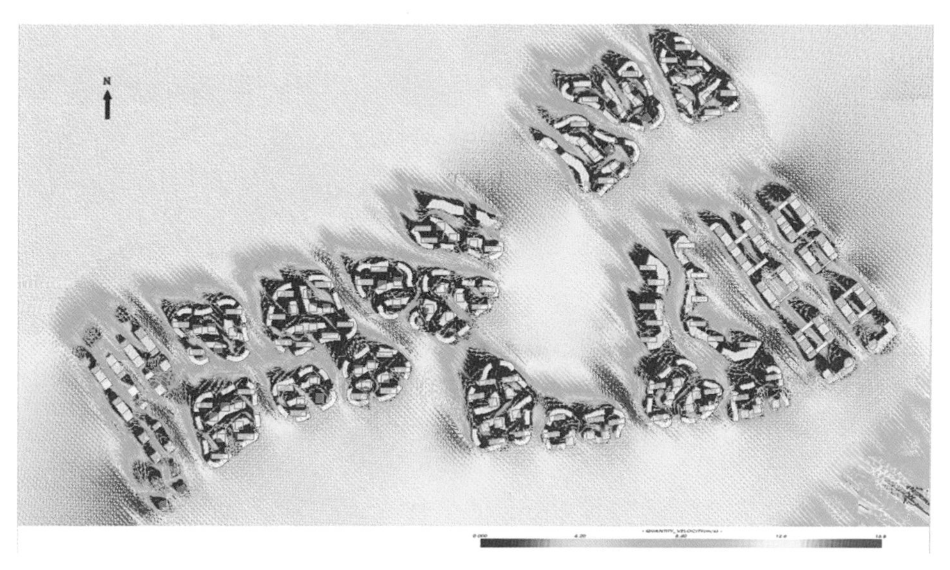

图 5-4 厦门软件园三期 2 米高度自然风模拟

大风、暴雨等。平潭软件园在规划设计时要考虑到大风对园区的影响，理想的状况是希望园区内能产生舒适的风环境。在平潭软件园规划设计中运用了风环境模拟，其结论是区域大部分风环境在 2 米 / 秒 ~ 5 米 / 秒，属于室外风环境舒适标准。局部点会出现风环境达到 6 米 / 秒的强风，但强风出现的频率和比例相对较小。通过风环境模拟也证明了空间规划的合理性（图 5-5）。

同时考虑到平潭岛室外气候炎热，为了能营造良好的室外热环境，保证舒适的室外活动和减少员工在室外长时间受到太阳暴晒，减少城市热岛效应对园区微气候的影响，又进行了区域热环境的模拟（图 5-6），从而营造良好的夏季和过

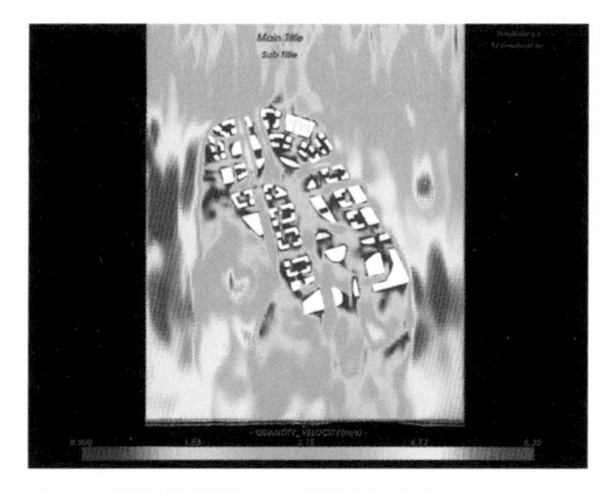

图 5-5 平潭软件园 1.7 米风速分布图

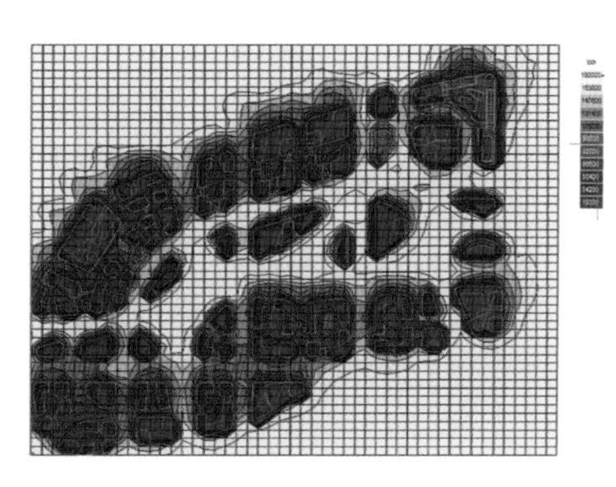

图 5-6 平潭软件园太阳辐射模拟

渡季节自然舒适条件。绿色植物需要阳光，而人们的活动需要遮阳，在空间布局上控制建筑之间的间距，减少人行尺度太阳辐射；建筑以骑楼形式与步行街相结合，提供更丰富的人性化空间。

未来的科技园空间规划需要建筑技术手段去科学地分析与研究，结合所处环境的气候和地理特征，不仅要满足人们有良好的室内工作环境，更要考虑到室外绿色植物的生长及人们在室外活动的舒适。

5.3.2 绿色的环境、绿色的建筑

未来科技园要坚持生态规划和建设的理念，结合国家绿色生态示范区要求开展资源、环境诊断与评估，对土地资源、水资源、能源利用、对外交通、生态环境等几方面的资源环境现状进行诊断，评估具有优越基础设施和绿色产业园区建设的基础条件，做到绿色交通、绿色市政、绿色建筑和智能园区，达到绿色产业园区的要求。

科技园应该追求回归自然，充分利用自身的自然条件，创造充满生机的绿色生态环境，建设生态基底，编织生态绿网，联通生态廊道。通过水系及道路将绿色生态廊道连接，使自然生态空间延续，形成整体生态系统的良性循环，促使园区生态系统的有机融合。

在绿色生态环境中，建筑也应具有绿色节能生态的理念。中关村软件园采用了多种创新型的高效能源利用方式（三联供、冰蓄冷等），积极鼓励建筑的可再生能源利用（地源热泵、水源热泵、太阳能热水、光伏发电、风力发电），推广中水回用技术，构建数字楼宇，营造生态园区。

在中关村软件园软件广场的设计中运用了太阳能光电板、屈臂外遮阳系统、绿化中庭以及隔噪音幕墙等技术（图 5-7 ~ 图 5-10）。

在中关村软件园十五周年的纪念图书《空间与产业的交响》中提到：绿色园区已经从单体建筑走向了绿色建筑群，并逐渐与科技园区微循环中资源能源节约等战略衔接。其技术体系发展划分为 4 个阶段：

以单项绿色技术研发和工程应用研究为主的“浅绿”阶段。

以绿色建筑成套技术研究和工程应用为主的“深绿”阶段。

图 5-7 太阳能光电板

图 5-8 屈臂外遮阳系统

图 5-9 绿化中庭

图 5-10 隔噪音幕墙

以规模化、区域化推进、技术对标等特征为主的“泛绿”阶段。

基于绿色建筑规模化建设和信息化革新、探索建筑单体及不同单体之间各要素共享和系统集成协同优化的“云绿”阶段。

绿色园区不光是建筑，是涉及人与建筑和周边环境的协调，包括商业、休闲、工作、生活及能源利用、交通道路、智能管理等方方面面，是一个整体的绿色规划。

第六章 科技园规划设计实例

6.1 北京中关村软件园一期二期规划设计

北京中关村软件园位于北京海淀东北旺，设计构思来源于森林和湖泊的大地景观意向——“浮岛”。森林中点缀着一滩滩湖水，湖水在阳光照耀下波光粼粼，森林将湖水掩映其间。中关村软件园的规划设计就是在这个美丽的意向下在规划用地内散布着一个个卵形“湖水”，之间由绿色森林环抱，每滩“湖水”内设置一个研发组团。研发建筑二至三层高，坐落在10厘米的浅水上，周边是森林，树木高大，可遮挡建筑。每个研发组团在森林中保持50米以上的间距，使其看不到其他建筑的存在，犹如森林中独户人家的感觉。

设计模拟了漂浮的岛屿，对于“浮岛”本身来说，它是可以漂浮、移动和改变形态的。这种有机的形态使得各组团间具有了弹性。由于每个研发组团处在大小不一、形状各异的卵形“岛屿”上，表明这些“岛屿”是可以变化的。同时“岛屿”之间是可以浮动的，相对位置也不是一成不变的。这样，规划就具有了一定的弹性，可根据需要做适当的变化。组团内建筑进深可保证自然通风和自然采光。建筑、水体、森林与人共同组成了一个优美静谧的、适合脑力工作的办公环境，这种环境将满足各入驻企业研发工作的需要。

继中关村软件园一期“浮岛”的概念实施后，软件园二期的规划采用田园式的概念，建筑组团分布在绿地中并和一期“浮岛”形成很好的呼应，犹如绿地中散布的一座座村庄。以绿色填充到建筑组团的周边，每个组团周边均为公共绿地，具有非常好的均好性，为在此园区工作的软件人提供同样高品质的科研环境。同时提供尽可能多的南北朝向的科研用房，在此工作的软件人沐浴在自然的空气、阳光之中，创造人与自然和谐共存的科研环境。

中关村软件园从2000年规划设计开始至今已历时15年，在整个建设过程中规划设计也随着产业结构和人员结构的变化进行着不断地调整，以适应时代发展的需要。目前入住企业最认同的是园区环境的创造，也反映了“浮岛”规划概念的成功，已经成为国内最具特色的软件园区。

在设计之初，由于我国的软件企业正处于起步阶段，多数以孵化为主，企业的规模和发展无法预测，企业自身的需要也不断地在变化，如何适应当时与未来的发展是本规划要重点解决的问题。所以，以“浮岛”作为规划理念适应了企业发展的弹性，也为一级开发提供了市场的灵活性。弹性、均好性和适宜性在本规划中发挥了巨大的作用。

“浮岛”的模式适应了软件企业在发展初期发展速度较快，人员不断变化，规模呈现快速膨胀的特性。从中关村软件园一期到二期的发展来看，从最初的孵化器，到独立的建筑单体，再到二期呈现多地块组合的建筑组团形式，表现出了中国软件行业 15 年的发展历程，也正是“浮岛”的规划理念适应了这种发展（图 6-1 ~ 图 6-18）。

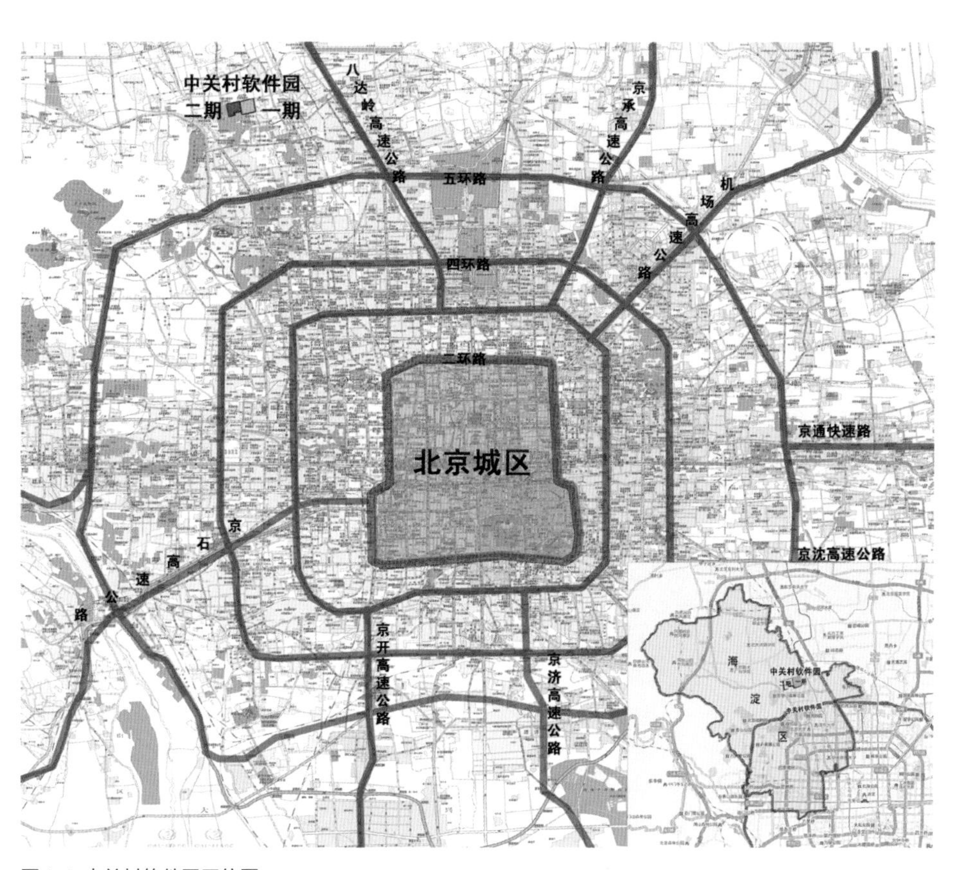

图 6-1 中关村软件园区位图

一期规划指标：

总用地面积：139.06 公顷

允许建筑面积（地上）：61.6 万平方米

容积率：0.443

建筑密度：14.69%

绿地率：54.68%

设计时间：2000 ~ 2010 年

二期规划指标：

总用地面积：156.4 公顷

允许建筑面积（地上）：108.6 万平方米

容积率：0.69

建筑密度：16.3%

绿地率：58.1%

设计时间：2011 ~ 2013 年

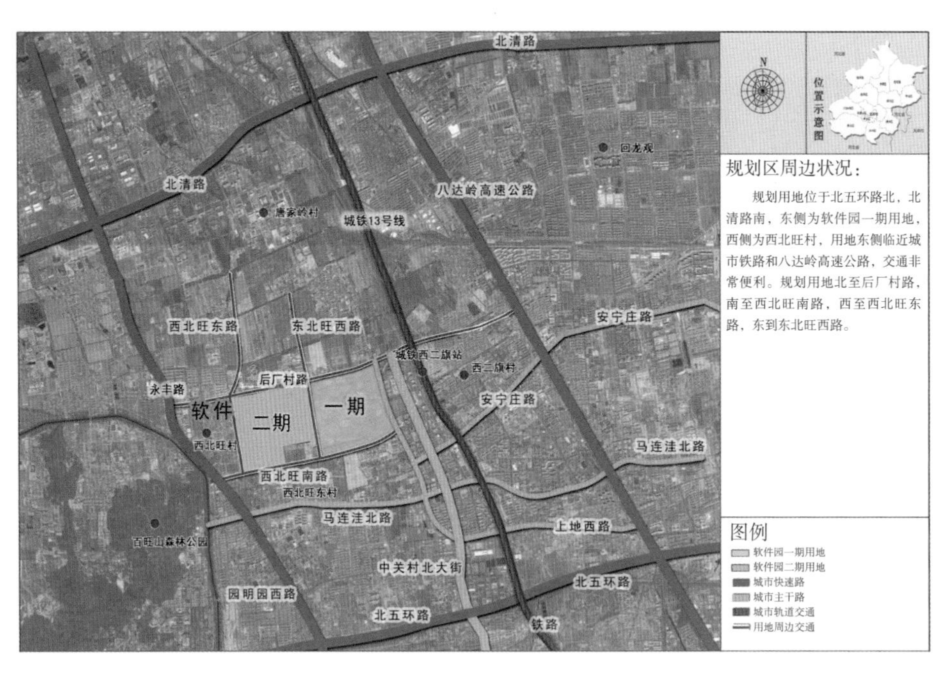

图 6-2 中关村软件园一期二期周边关系图

浮岛意向

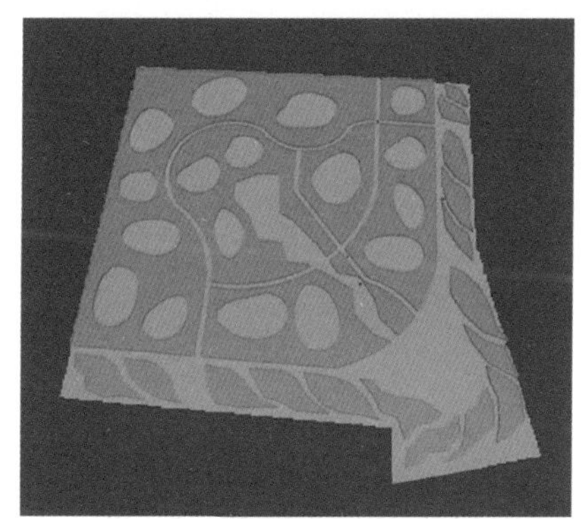
设计构思 -a

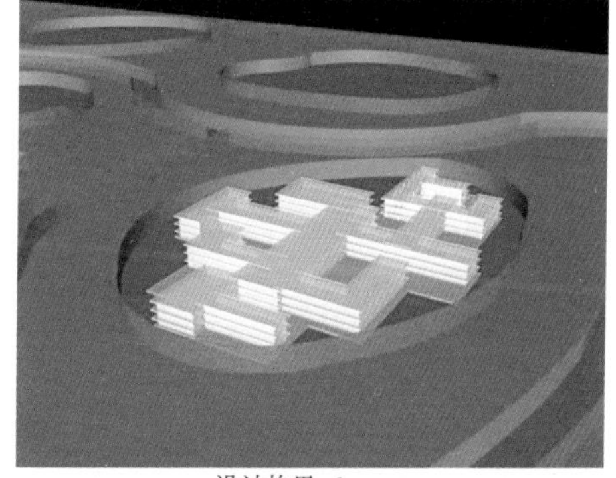
设计构思 -b

设计构思 -c

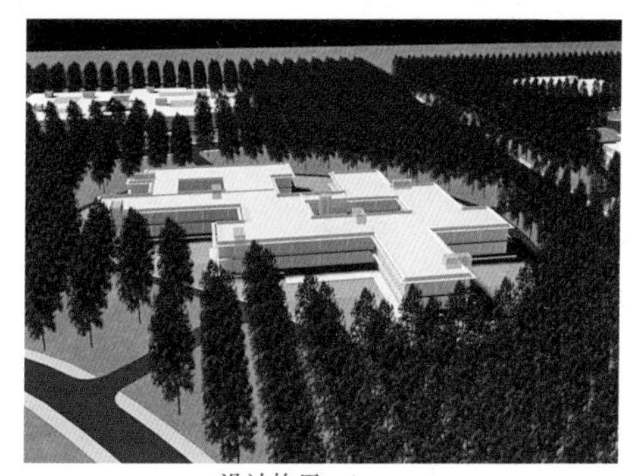
设计构思 -d

图 6-3 浮岛意向

图 6-4 北京中关村软件园一期总平面图

图 6-5 北京中关村软件园一期鸟瞰图

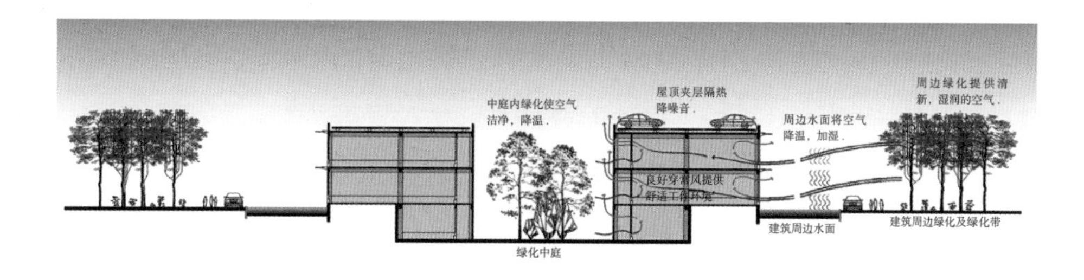

研发用房通风分析图

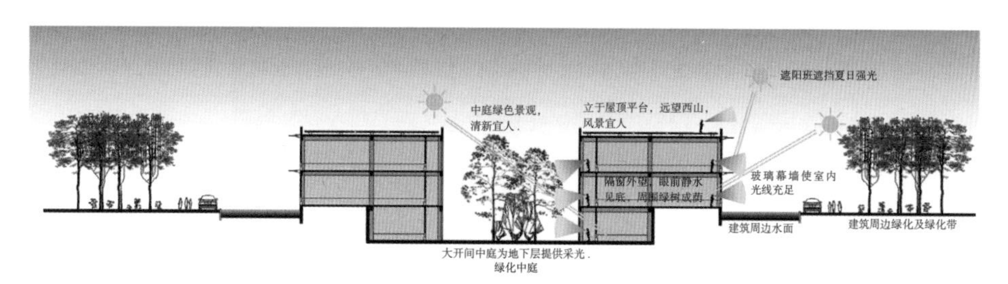

研发用房照明及景观分析图

图 6-6 研发组图剖面图

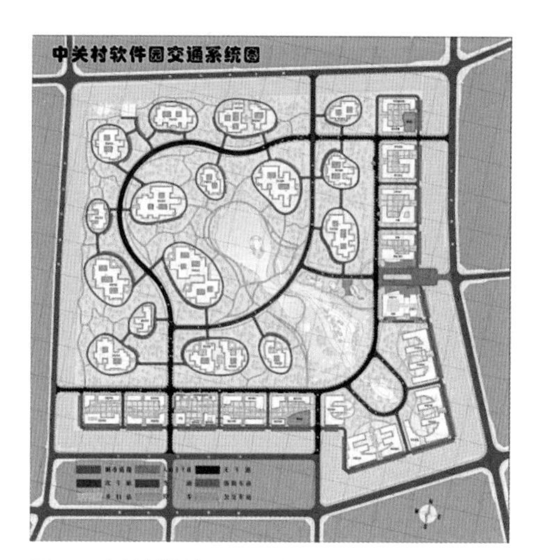

图 6-7 中关村软件园一期交通系统分析图

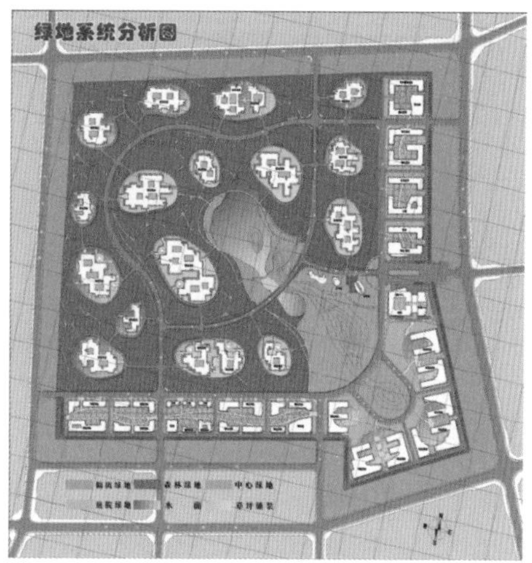

图 6-8 中关村软件园一期绿化景观分析图

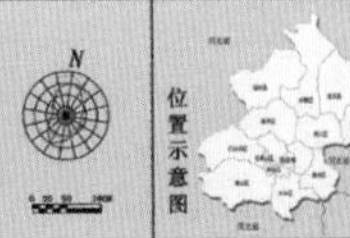

图 6-9 中关村软件园二期用地图

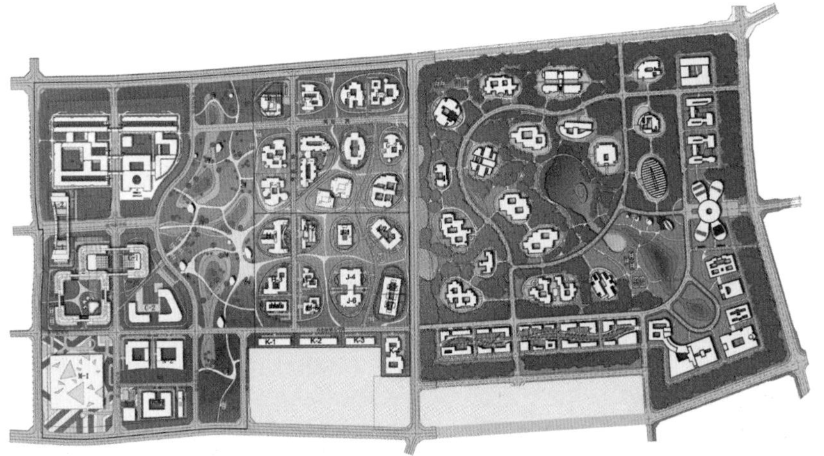

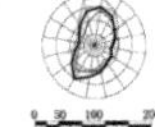

图 6-10 中关村软件园一期二期总平面图

图 6-11 中关村软件园二期鸟瞰图

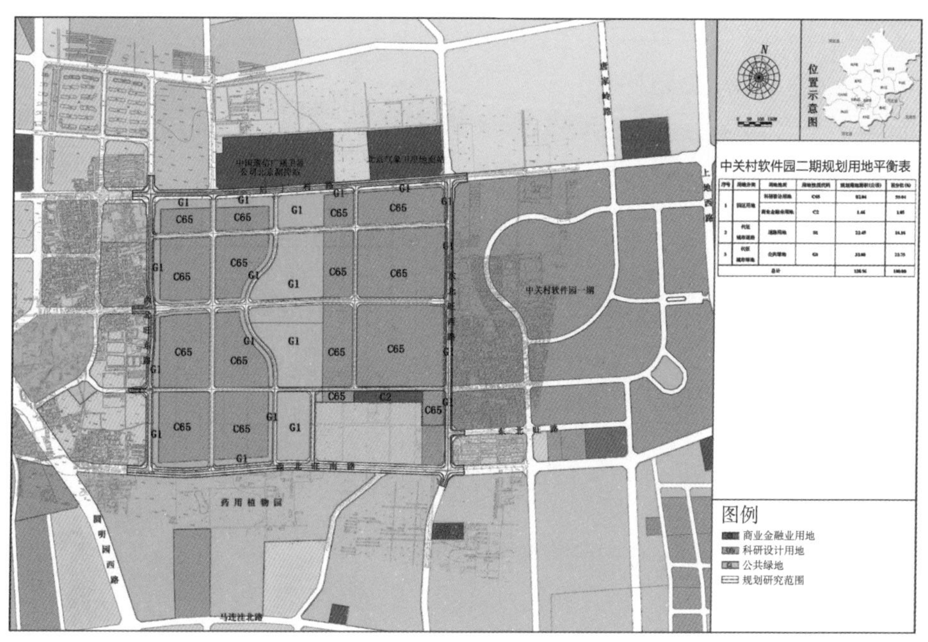

图 6-12 中关村软件园二期土地使用规划图

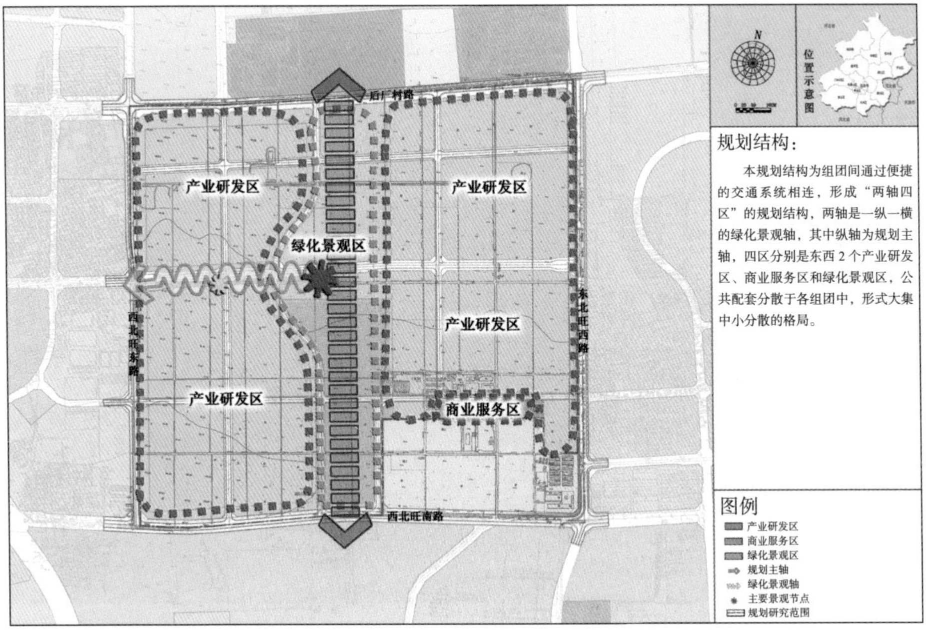

后厂村路
产业研发区
产业研发区
绿化景观区
产业研发区
产业研发区
商业服务区
西北旺东路
东北旺西路
西北旺南路
N
位置示意图
规划结构：
本规划结构为组团间通过便捷的交通系统相连，形成“两轴四区”的规划结构，两轴是一纵一横的绿化景观轴，其中纵轴为规划主轴，四区分别是东西2个产业研发区、商业服务区和绿化景观区，公共配套分散于各组团中，形式大集中小分散的格局。
图例
产业研发区
商业服务区
绿化景观区
规划主轴
绿化景观轴
主要景观节点
规划研究范围

图 6-13 中关村软件园二期功能分区图

后厂村路
规划一路
西北旺镇二号路
东北旺南路
西北旺东路
东北旺西路
西北旺镇五号路
软件园南路
西北旺南路
N
位置示意图
道路系统规划：
规划区内道路网系统由城市主干道、城市次干道、城市支路三级组成。
规划区内道路规划结构体系呈三横、三纵。
规划区内道路网密度为6.98公里/平方公里。
A-A道路断面图
B-B道路断面图
C-C道路断面图
图例
城市快速路
城市主干道
城市次干道
城市支路
规划研究范围
公交首末站
公交站点

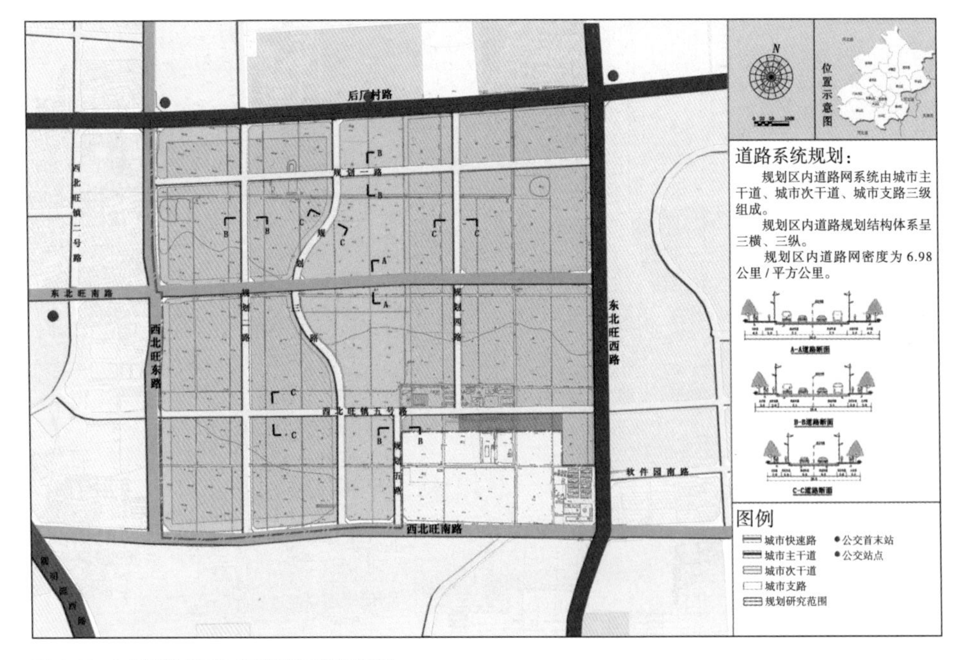

图 6-14 中关村软件园二期道路系统规划图

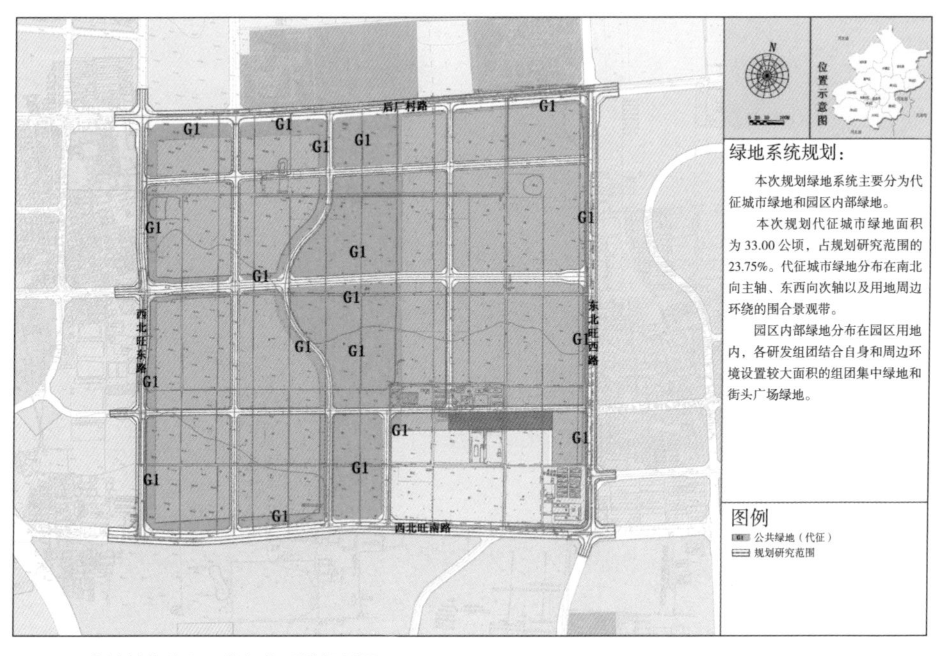

图 6-15 中关村软件园二期绿化系统规划图

图 6-16 中关村软件园二期建筑强度分区规划图

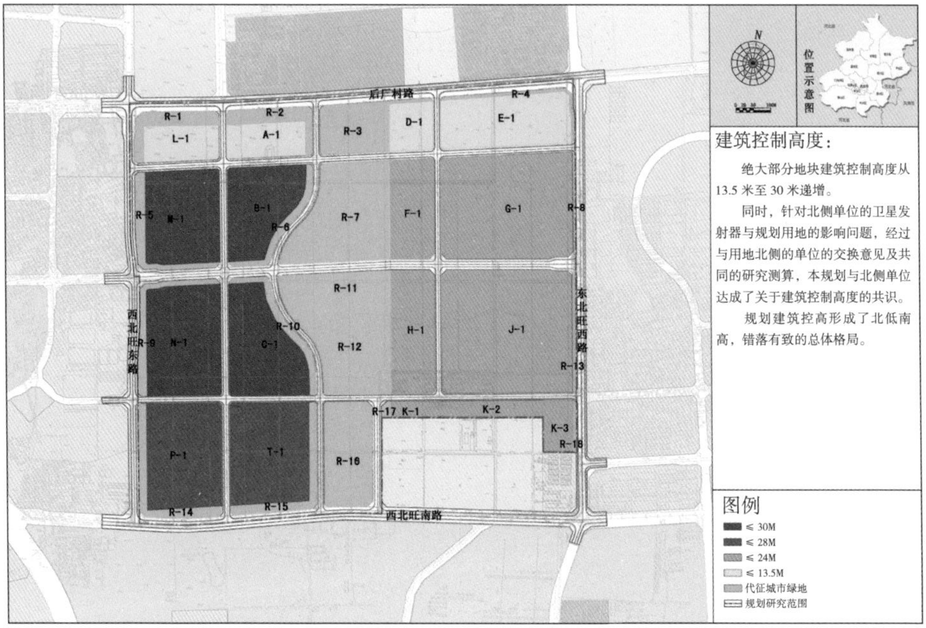
后厂村路
西北旺东路
东北旺西路
西北旺南路
R-1
R-2
R-3
R-4
D-1
E-1
L-1
A-1
R-5
M-1
B-1
R-6
R-7
F-1
G-1
R-8
R-11
R-9
N-1
C-1
R-10
R-12
H-1
J-1
R-13
R-17
K-1
K-2
K-3
R-18
P-1
T-1
R-16
R-14
R-15
位置示意图
建筑控制高度：
绝大部分地块建筑控制高度从13.5米至30米递增。
同时，针对北侧单位的卫星发射器与规划用地的影响问题，经过与用地北侧的单位的交换意见及共同的研究测算，本规划与北侧单位达成了关于建筑控制高度的共识。
规划建筑控高形成了北低南高，错落有致的总体格局。
图例
≤ 30M
≤ 28M
≤ 24M
≤ 13.5M
代征城市绿地
规划研究范围

图 6-17 中关村软件园二期建筑高度控制规划图

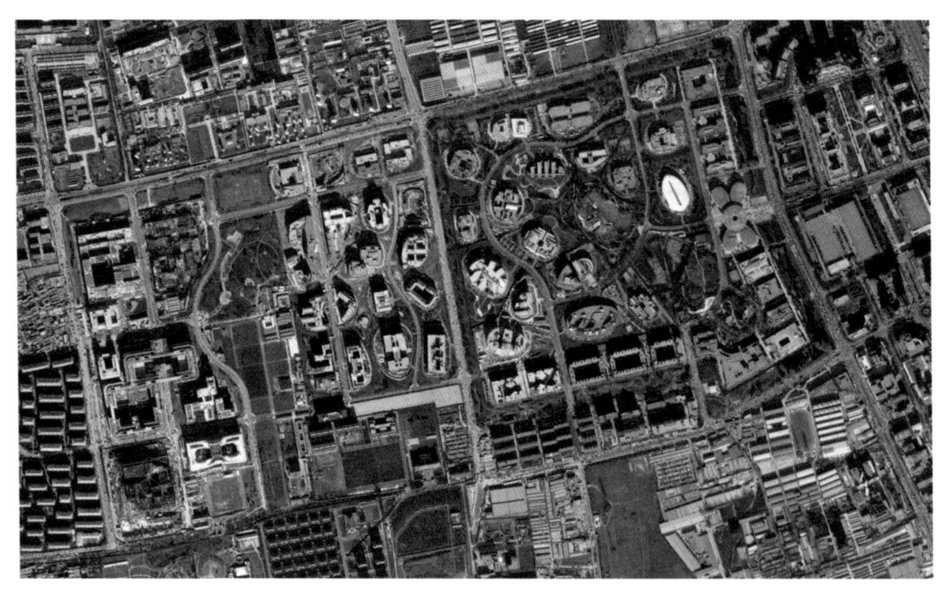

图 6-18 中关村软件园一期二期俯视图（图片来源：GOOGLE 地图）

6.2 北京中关村软件园软件广场建筑设计

中关村软件园软件广场位于北京中关村软件园东侧园区主入口处，为中关村软件园标志性建筑。其北侧为孵化器，南侧为研发组团，西侧为中心绿地、水体和康体中心。该建筑在整个园区处于最重要的位置，是整个软件园区的门户，主要为园区内的入住企业提供配套服务。

软件广场是一座集会展、酒店、餐饮、休闲娱乐、办公及公寓的综合性建筑。该建筑设计了四个“鼠标”状单体，南北相对，形成两组建筑，中央为60米 × 60米的步行广场，上面覆有直径为84.5米的巨型玻璃“光盘”，中央广场形成了软件园区的“起居室”。

整个建筑分别为A、B、C、D四座，A座主要功能为酒店、餐饮和娱乐；B座为会议、展览；C座为写字楼；D座为公寓。A、B和C、D共用公共大厅。地下部分以停车库及设备用房为主，局部设有娱乐功能。地下二层设有六级人防，平时为车库，战时为物资贮备库。该建筑物具有完备、先进的设施，大厅设有自动扶梯和景观电梯，采用中央空调，高标准照明、完善的通信设备和楼宇自控系统，确保使用方便、合理、舒适。

在设计过程中遵循绿色节能建筑设计思想，注重应用建筑技术与节能技术；用简洁明快的形体来体现高科技园区的建筑性格。建筑设计灵感来源于中关村软件园的“浮岛”理念，在设计中将建筑设计成椭圆体，将四个功能组团分别设在四个椭圆体中，每个椭圆体根据功能的不同特点设计成不同的内部空间，并设计了内部的绿色庭院。

建筑立面全部为玻璃幕墙和局部的金属百叶，风格现代。其中最突出的是中央由4根钢柱支撑的巨型玻璃“光盘”，形成了园区的“大门”形象。

在“光盘”的外圈设有太阳能光电板，可提供广场的夜间照明。在B座外幕墙外和大厅的玻璃顶及侧面设有可自动调节的金属遮阳系统，可自动感应室外的阳光、温度，并进行自动调节，也可以中控。在A、C、D座外幕墙均设有曲臂外遮阳系统，可在室内遥控，也可进行中控。建筑内部绿色庭院外设有玻璃幕墙，可以起到防噪音作用。

运用太阳能与遮阳等建筑技术及建筑内部的绿色庭院设计可降低建筑的能

耗，在建筑节能方面做了一次探索（图 6-19 ~ 图 6-44）。

建设指标：

建筑规模：建筑面积 57630 平方米，地上四层，地下二层

建筑功能：会展、酒店、餐饮娱乐、办公、公寓

建筑高度：15 米

建设地点：北京中关村软件园

设计时间：2003 ~ 2014 年

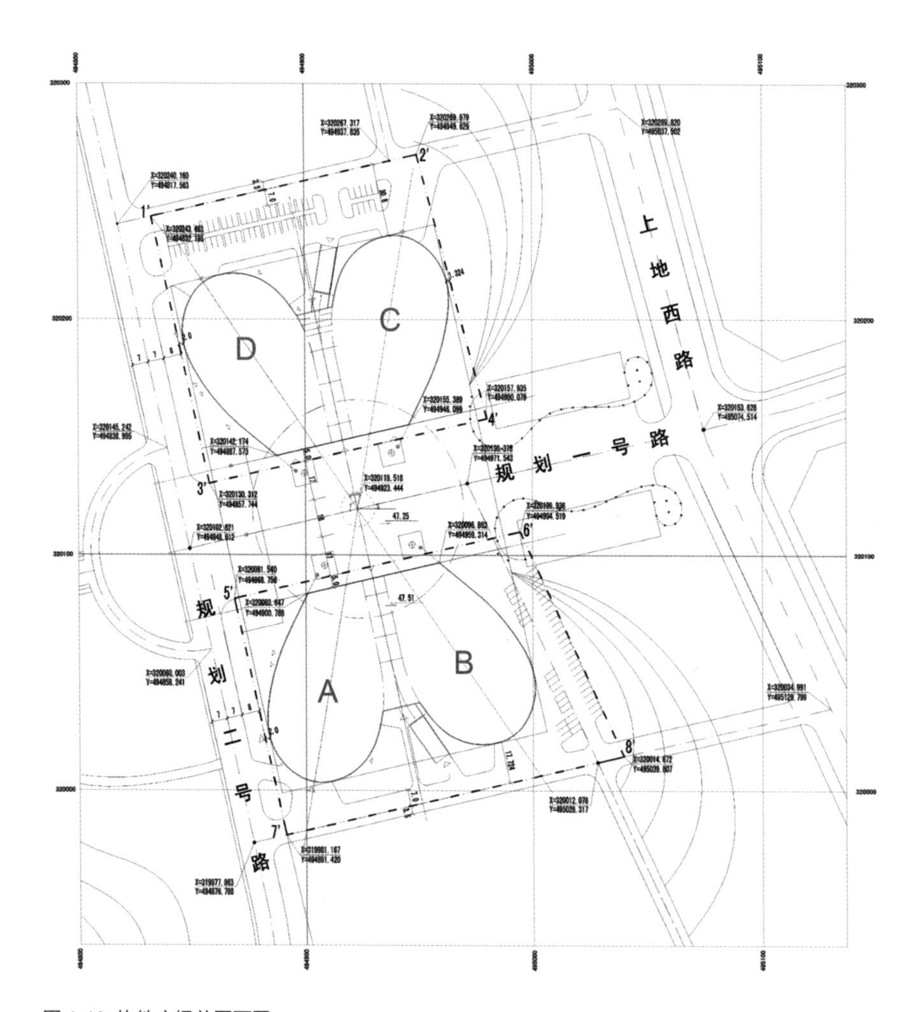

图 6-19 软件广场总平面图

图 6-20 鸟瞰图

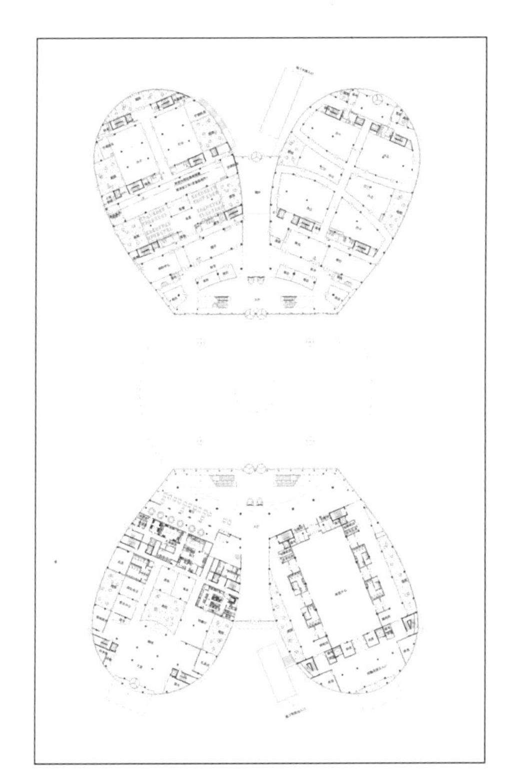

图 6-21 一层平面图

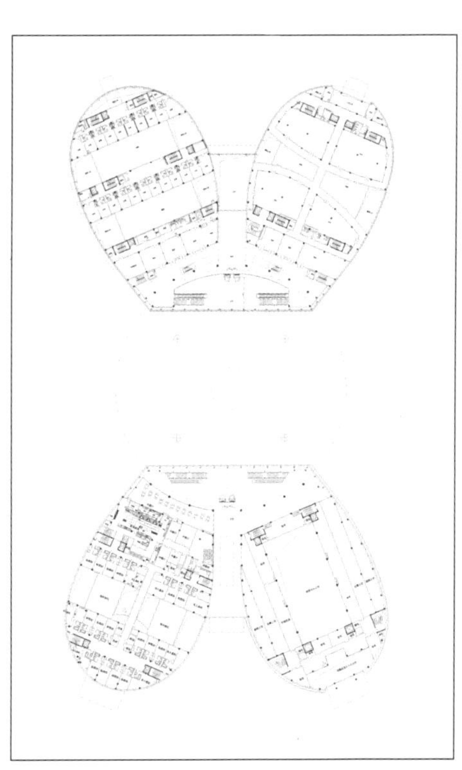

图 6-22 二层平面图

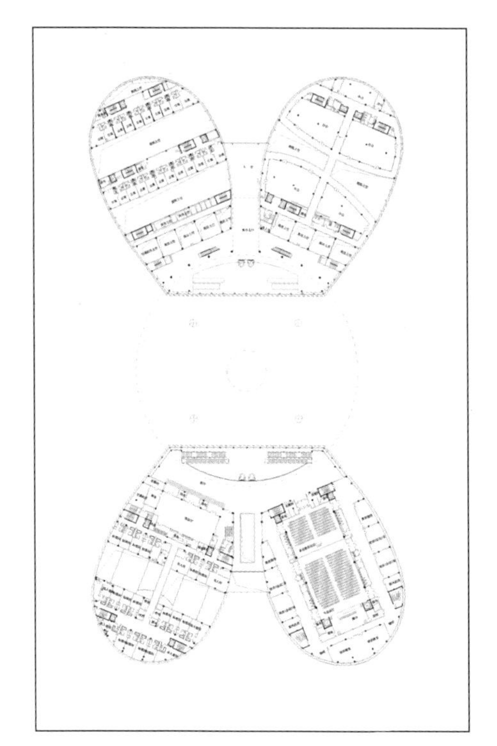

图 6-23 三层平面图

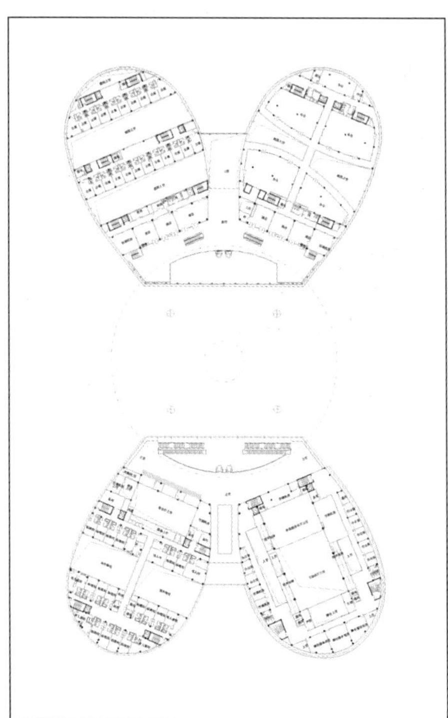

图 6-24 四层平面图

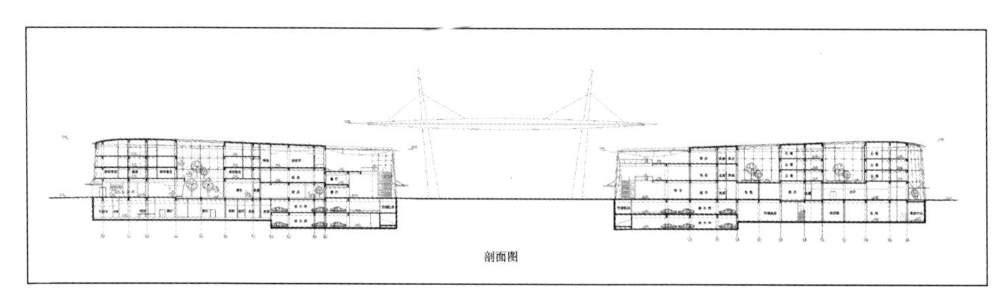

图 6-25 剖面图

图 6-26 软件广场实景（a）

图 6-27 软件广场实景（b）

图 6-28 软件广场实景（c）

图 6-29 软件广场实景（d）

图 6-30 软件广场实景（e）

图 6-31 软件广场实景（f）

图 6-32 软件广场实景（g）

图 6-33 软件广场实景（h）

图 6-34 软件广场实景（i）

图 6-35 软件广场实景（j）

图 6-36 软件广场庭院实景（a）

图 6-37 软件广场庭院实景（b）

图 6-38 软件广场门厅实景（a）

图 6-39 软件广场门厅实景（b）

图 6-40 软件广场门厅实景（c）

图 6-41 软件广场走廊实景

图 6-42 软件广场客房实景

图 6-43 软件广场餐厅实景（a）

图 6-44 软件广场餐厅实景（b）

6.3 北京大兴生物工程与医药产业基地规划设计

1. 北京大兴生物工程与医药产业基地规划设计

北京生物工程与医药产业基地是北京市“十五”计划期间重点建设的四大高新产业之一，是北京市重点建设项目。产业基地位于北京市南部大兴工业开发区内，黄村卫星城南部，距北京市二环路 18 公里。

产业基地区域范围 28 平方千米，北起念坛水库，南至魏永路，东起京开高速路，西至永定河。基地建设目标是：代表我国生物工程与医药产业前景、方向和当代世界生物工程与医药产业发展最高水平的产业基地。

产业基地的规划用地是原大兴工业开发区南部部分地段，加上新批准延伸的用地并包含北京城市第二道环形绿化带的一部分，形成东西长 8.28 千米，南北宽 4.56 千米的矩形地块。界边内有城市六环路东西向通过（位于用地北边），有京开高速公路南北向通过（位于用地东边）；用地西端紧临永定河。

用地北侧约 800 米宽的东西地带是建设中的城市六环路及其两侧绿化带。东北方向的北端是念坛水库库区（目前无水），计划引水或利用中水恢复水库，并引水向南穿越基地区域东端，形成念坛河。

规划的概念要点：

（1）城市的有机延伸

产业基地不是凭空而起，它依托于黄村卫星城和原工业开发区。研究黄村及工业区，便会感到方格路网的机理，故而会自然地延伸格网道路，研究生物医药产业的需求和规模企业的需求，会认识到 13 公顷 ~ 15 公顷较大地块的适应性，研究近些年成功开发区招商经验，会认识到方格道路所创造的交通顺畅、节地效应、招商顺利等优势。因而，本规划确定方格路网作为基础，使新区自然成为原有城市有机延伸的成果。

（2）自然空间与城市空间的和谐过渡

用地西端是北京城市绿带和永定河，是极为优越的自然环境，用地北侧也是 300 ~ 400 米宽的六环路绿带，这样宽阔的自然空间是基地的资源，如何将自然空间与城市空间融合，让它们和谐、过渡，是规划应当研究的重要课题。

本规划采用互相渗透的办法，使二者融合，在绿地中设置城市路网式的种植园，在城市建设中设置格网式分散布置的大小公园，使城市街区和绿色公园互为存在的背景，并渐渐地融合。同时，根据用地功能分布，将绿带沿生活性道路向城市建设区中延伸，构成指状绿带，和谐共存。

（3）科学确定基地规划的城区性质

产业基地占地达 28 平方千米，功能齐全，覆盖了研究开发、企业孵化、生产加工、商业贸易、配套服务等功能，加上高科技产业的支撑体系，它应当是一个围绕生物医药产业发展的综合性城区。当今世界各国规模的高科技产业园区都是成为有主题的综合城区或综合城镇，包含城市的一般普通的功能。本规划鉴于以上认识，确定本基地生物医药产业为主题的综合性城区，包含研究、生产、教育、金融、旅游、居住等城市的全部功能。

（4）带状功能区，创造高效率和活力的城市形态

依据本基地用地东西很长而南北两侧为非建设区的现状，本规划采用了东西方向带状功能分区的布局，使以北藏路为中轴，向南北两侧分别布置公建带、研发带、居住带、绿带、产业带及外侧绿化带。使不同功能地块之间的距离达到很近，以提高城市效率。使相同功能地块共处一条街，以便保证市政供应，使不同道路有各自不同的性质，以创造各不相同的街景，创造丰富的城市空间，使基地东西各段同样繁荣，同样富有生气，白天夜晚同样地富有活力和生机。

（5）全面地多方位地提高城区经济效益

城区、基地的生命力在于它的经济活力和经济效益。本规划从下述方面提升经济效益。

①控制道路广场用地量：

在满足通达率和车流量的前提下，控制道路广场用地量，道路广场的增加和闲置会引起开发成本的增加和土地利用率的降低。重视环境优化，努力提高用地的总体品质。

②重视提升土地品质：

在适度提高土地利用率的同时，重视提升土地品质。土地品质因素在于市政条件、环境质量、适度的容积率、交通方便条件和邻近用地的性质。本规划重视不同用地性质之间的隔离，重视绿化系统的亲人化，重视交通体系的多样和换乘，多方面创造用地的高品位条件。

③研究落实绿地的综合利用：

本规划针对大面积绿地，提出瓜果园、花卉园、生物夏令营、全天候乡间旅游中心、经济林采摘园等绿色经济，并规划基地环形轨道交通线，使旅游经济、绿色经济、少儿第二课堂教育经济综合发展，使绿地建设不再成为开发者的负担，而成为基地的经济支撑，全面提高园区效益。

（6）研究土地性质的兼容，研究土地分割的合理性

在各功能带相交的地段和重点地区，研究可以兼容的条件，以适应不断变化的市场需求，确定 13 ~ 15 公顷地块规模，确定分隔的多种方式，以适应不同企

业对土地的需求，本规划为招商和基地发展创造了良好的基础。

由于功能带的布局，基地园区可以自东向西逐步发展。每向西推进一个街区，便同时能得到比例相协调的公建、研发、住宅、产业用地和相应的绿地，协调发展，有机发展。

（7）规划结构

根据本基地的性质和功能特点，考虑入园企业希望直接面对管委会，希望管理服务直接，同时入园企业相互间没有亲疏关系，都是平等的企业，又因为入园企业都希望自己的用地与别人企业享有同等的各方面条件，还因为要提高园区基地的管理与服务效率，本规划确定采用不分组团，不分级别的一站式管理的大园区结构体系（图 6-45 ~ 图 6-48）。

图 6-45 规划总平面图

规划指标：

规划用地面积：28 平方公里

其中产业基地面积：6.5 平方公里

工业用地面积：614.35 公顷

公建用地面积：86.59 公顷

仓储用地面积：52.25 公顷

居住用地面积：136.17 公顷

绿地率：56%

设计时间：2003 年

图 6-46 规划鸟瞰图（a）

图 6-47 规划鸟瞰图（b）

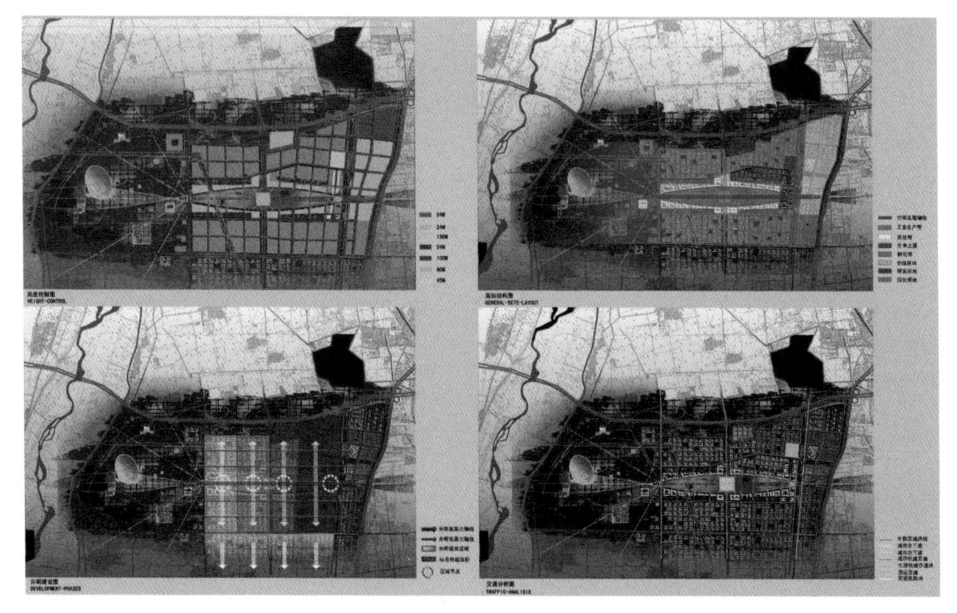

图 6-48 规划分析图

2. 北京大兴生命之源国际广场标志性建筑群

生命之源国际广场位于北京生物工程与医药产业基地核心地区，它的诞生不仅是生物与医药产业基地的标志，也是整个北京城市南城的标志，是大兴区的城市标志。该项目集办公、酒店、公寓、餐饮、孵化器等功能于一体，属大型综合性建筑群，建筑规模地上为 162970 平方米。

总体分为三大段：西段—孵化园、中段—综合区、东段—广场。

孵化园及银行大厦、管委会大厦呈“匚”字形围合布置，主体建筑位于用地中心，整个建筑群面向东侧绿带，东段与绿带构成宽阔的广场，并沿绿带向南北两方向延伸至整个基地。中心建筑底层中央的半开敞的室内广场与建筑西侧后广场，东侧前广场，再延伸至绿化广场一同形成为生命之源国际广场。

建筑布置遵循简洁的原则，一围一竖，以突出建筑群的标志性。一围：孵化园、银行、管委会大厦呈“匚”型围合，限高 24 ~ 30 米；两侧设会议及会展中心。一竖即为中央的标志性建筑。

依据围合的建筑群，在其外围设有隔离绿带，以减少道路对孵化建筑的影响，中央地段配合主体建筑采用大面积草坪与花卉，以表达大兴花乡的地域特征，也以此突出主体建筑的清纯造型。

主体建筑两侧设有 3 ~ 5 厘米水深的半圆形浅水池，让造型别致的会议中心、会展中心“漂浮”于水面，强化了中心建筑的清纯感。

浅水池夏、秋、春季盛水，以水降温；浅水池底为黑色卵石，起到了改善小气候的作用。冬季不存水，为旱景，卵石露在太阳光下，吸热升温。

主体建筑正门东向，门前广场的前沿有台阶落下，至下沉式广场，越过东侧天华街，至东侧绿带，与东侧绿带的树林簇拥的花卉广场构成整体基地的中心——生物之源国际广场。

标志性和建筑形象新颖夺目是设计的主要目标，但这个建筑群的设计基础仍然是适用性，经济性和可实施性。

本方案将这二者融于一体，成为本方案的显著特征：

即：标志性极强，引人注目，常规结构，经济合理，适于运营。

本方案的外挺内弧的双塔造型及互为太极势的空间组合，在空中构成各方位多变的美妙造型，从京开公路和六环路上行进过程中，可从不同角度获得动态形象的观感。那简洁光滑挺拔的塔身及背挺面弧的双塔身影，时叠、时错、时离、时拥，会留给城市和人们深刻的印象。

现代生物学发现，DNA 是各种生物千姿百态的根源，而两条互相对应上升的螺旋线则是它的形象表达（图 6-49 ~ 图 6-52）。

用地面积：122425 平方米

建筑面积：241170 平方米

建筑高度：主体建筑 163.8 米

建筑层数：主体建筑 40 层

结构形式：主体建筑采用劲性钢筋混凝土结构

设计时间：2003 年

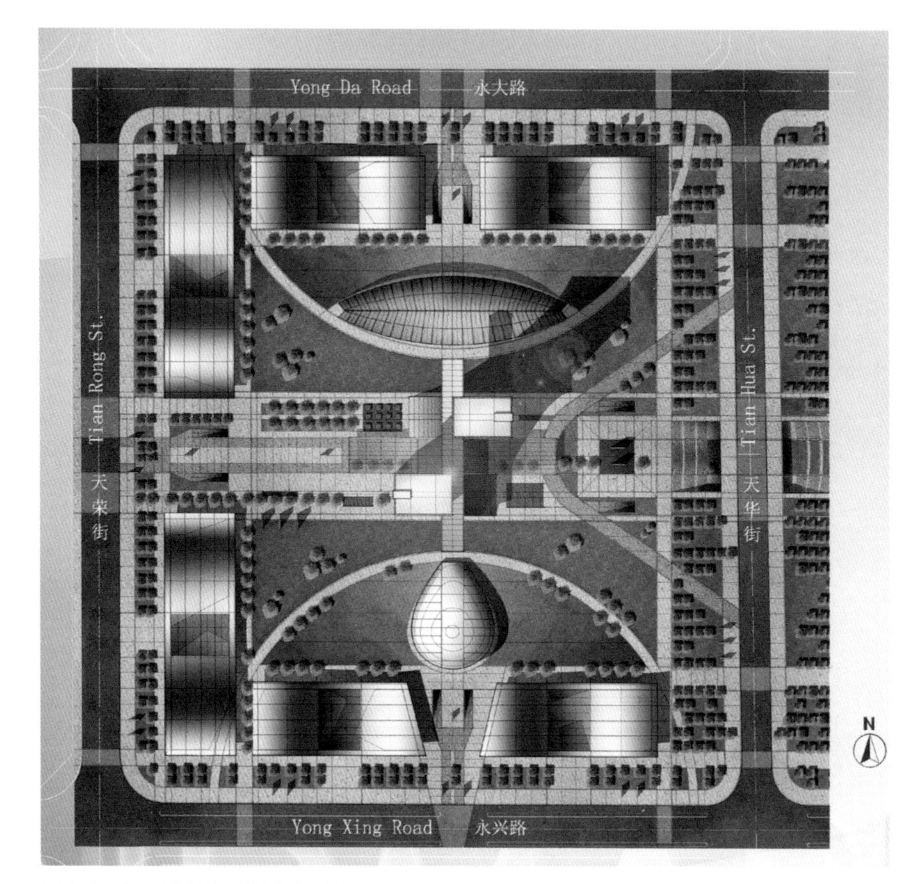

图 6-49 生命之源国际广场总平面图

图 6-50 生命之源国际广场鸟瞰图

图 6-51 生命之源国际广场效果图

图 6-52 生命之源国际广场标志性建筑效果图

6.4 北京大兴新媒体创意园

北京大兴新媒体创意园位于国家新媒体产业基地核心区——北京市大兴区礼花厂，礼花厂用地规模为600亩（0.4平方千米）。利用北京市礼花厂闲置的资源，北京市高新科技企业孵化器的优惠政策，吸引北京市乃至全国的新媒体创意产业原创主体的精英人才，使孵化器成为创意核心的原创基地，有利于快速实现大型项目的开发、招商引资的目的。三年内孵化成功的创意团队可在国家新媒体产业基地继续发展，使孵化器的辐射功能对于国家新媒体基地的建设和发展提供源源不断的人才资源和智力资源，为打造基地的核心竞争力，扩大影响力，促进新媒体产业基地的可持续发展提供强大的后盾。

礼花厂已经不再使用，一些生产厂房和办公等建筑已经废弃，创意园规划设计将利用现有建筑，进行改造。园区建设将采用一次规划，分期建设的原则，第一阶段是利用现有厂房进行改造，以孵化为主，人员规模为500~1000人；第二阶段建设新建筑，满足生产制作的需求，人员最终规模达到4000~5000人。

规划设计根据分期的要求，首期以改造为主，提供必要的生活配套服务设施，如住宿、餐饮、小卖、交通、展示和交流等。

第二阶段新建建筑规划采用100米×100米的方格网布局，建筑为立方体，45米×45米。建筑避让现有的改造后的建筑，形成了变化的系列产品。新建筑共24栋，可提供给不同企业，方便出租和独立使用，同时可根据发展和资金情况需要建几栋就建几栋。新建筑平均每栋5000平方米，适合创新孵化企业的规模。新建筑以生产制作加工为主，老建筑仍保留为创新孵化工作室，新老结合。

规划重新梳理了内部交通系统，增加一条内部的车行系统，曲线设计，以降低车速。而原有的老的道路改为步行道，由于原道路两侧有较好的绿化，应该加以保留。南北两排建筑中央部分改为中心绿地，并考虑增加少量水体，结合现有的芦苇，形成原生态景观。同时增加网球场，改造原运动场，建设篮球和羽毛球场地。

老建筑、新建筑，老路、新路，原生态环境、新加绿化水系景观共同形成了新老文化的结合。24栋建筑像魔方，形成了一组动画。建设过程也是在完成一组动画的过程。建筑可以再进一步扩建，形成可生长变化的有机建筑（图6-53～图6-65）。

规划指标：

总用地面积：	31.3 公顷
原有建筑可利用建筑面积：	13155 平方米
新建建筑面积：	136080 平方米
总建筑面积：	149235 平方米
容积率：	0.48
建筑密度：	15%
绿地率：	52%
设计时间：	2006 年

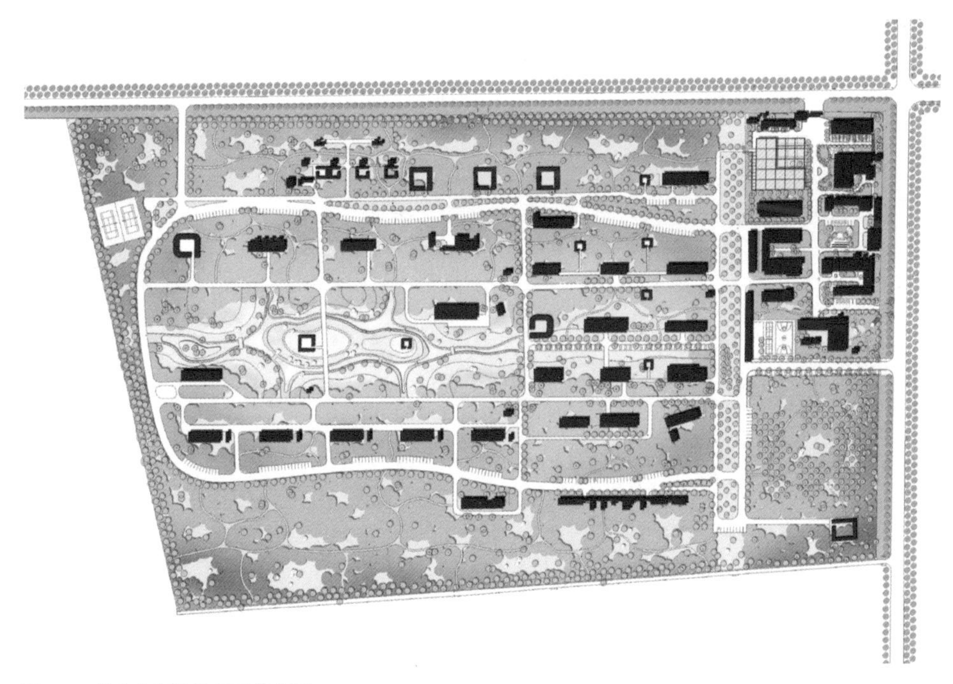

图 6-53 北京大兴礼花厂现状总图

图 6-54 一期厂房改造效果图（a）

图 6-55 一期厂房改造效果图（b）

图 6-56 一期厂房改造效果图（c）

图 6-57 一期厂房改造效果图（d）

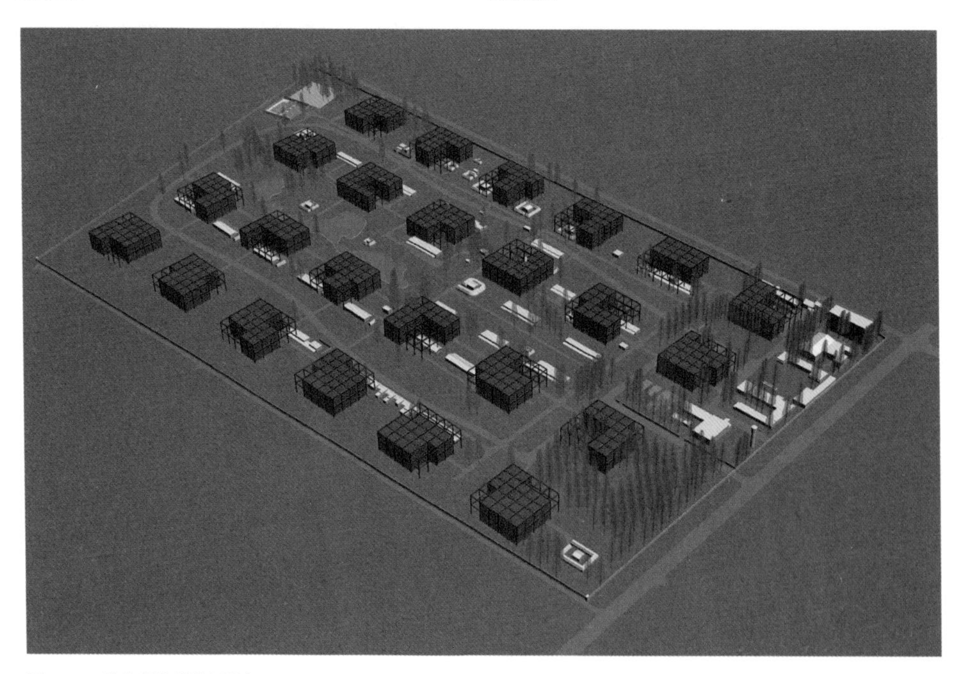

图 6-58 总体规划设计理念

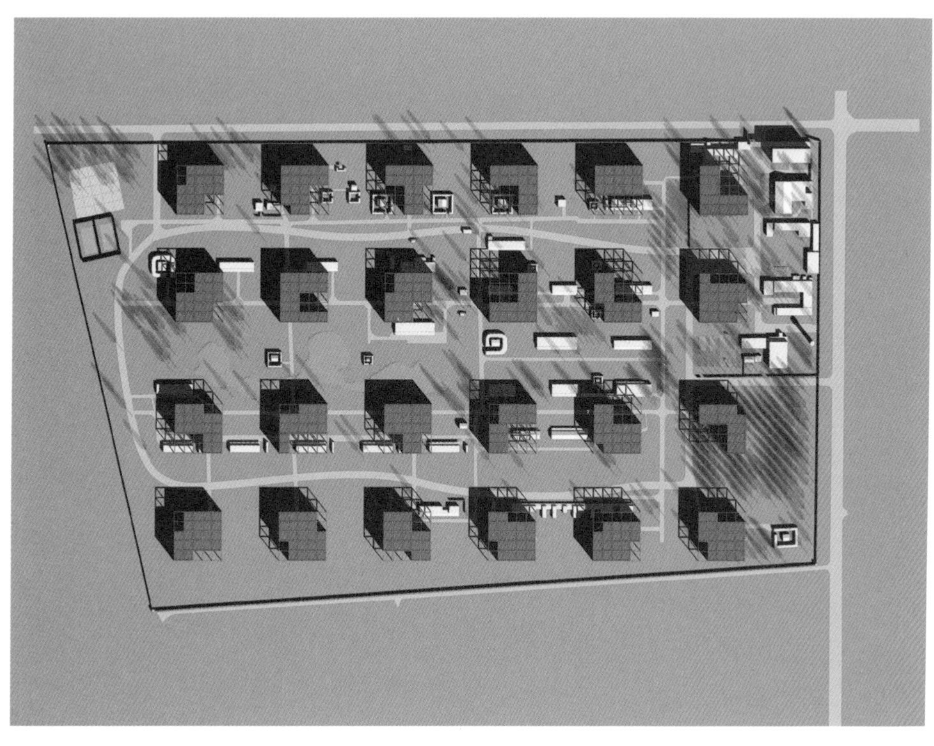

图 6-59 总体规划设计总平面图

图 6-60 总体规划设计鸟瞰图

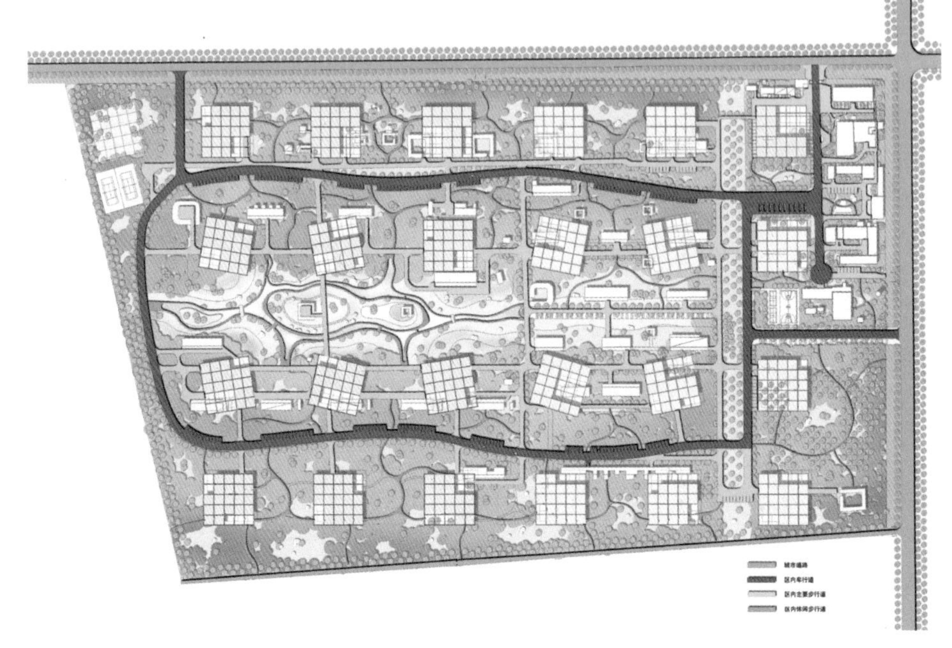

图 6-61 交通系统分析图

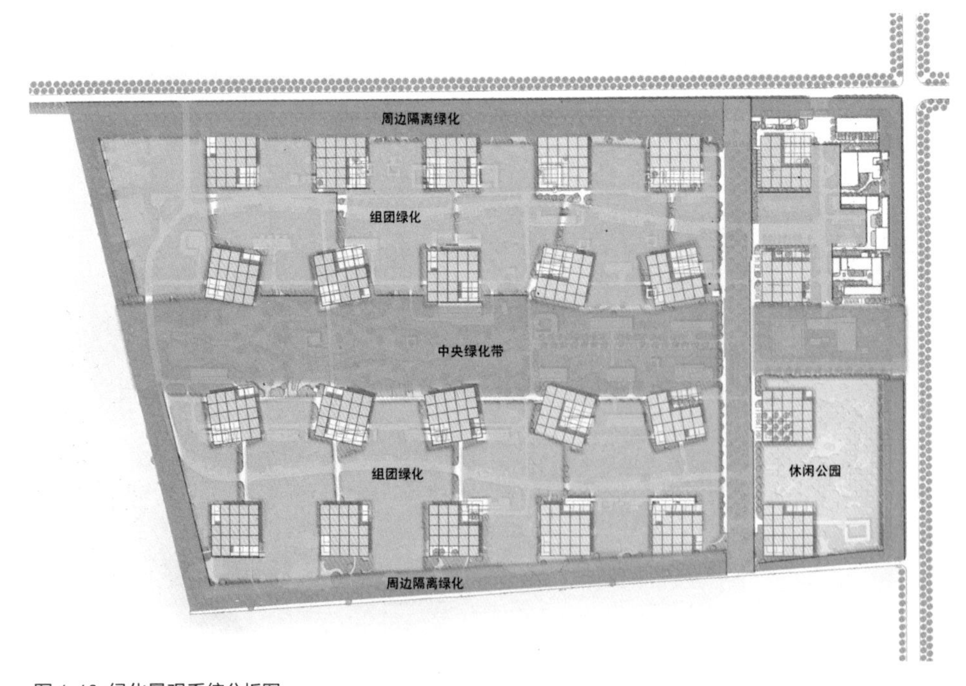

图 6-62 绿化景观系统分析图

图 6-63 建筑设计构思

图 6-64 建筑设计效果图（a）

图 6-65 建筑设计效果图（b）

6.5 中国工程物理研究院成都科技创新基地规划设计

1．中国工程物理研究院成都科技创新基地规划设计

中国工程物理研究院创建于1958年，在国家计划中单列户头，是以发展国防尖端科学技术为主的理论、实验、设计、生产的综合体。科研基地主体坐落在四川省绵阳市涪江之畔。本次规划为中国工程物理研究院成都科技创新基地，选址于成都市双流东升经济技术开发区内。

从功能分区来看园区分为东西两个区，东侧为开放区，设有国际科技合作中心、办公商业综合体以及园区总部大厦；西侧为研发生产生活区，属于半保密区，需要加强安防措施。

园区外围建筑密度和高度均较高，从而形成外高内低的空间结构形式，这样对于园区中心的科研生产基地起到了围护和保密的安全作用。整个园区在东西轴线上包括两个高点，东边面对进入园区主入口的100米高科研办公楼为整个园区的标志性建筑，而接近西边园区入口的位置为两座形式对称的60米高的建筑，与园区东边的百米高层遥相呼应。

外围科研办公区布局严谨有序，通过一条曲折多变的步行系统连接各建筑，建筑局部采用了架空1~3层的处理以满足地块内部可通达性的要求，同时活跃了内部景观氛围，使绿色渗透到建筑组团内。

园区的道路系统规划采取高效便捷的方式，主要路网结构为两条平行的环路。外环为主要交通道路，内环为主要景观道路。外环主要服务于科研办公区的工作人员的车辆；内环主要服务于园区中心科研生产区和外来参观车辆的使用，路两边设置较好的景观设施，如林荫道、休息娱乐广场等，作为整个园区工作人员的景观生活道路。主入口位于园区东侧与外围南北向的白河西路相沟通。园区路网可达到每个组团中的每个标准地块。

绿化系统包括城市道路后退隔离绿地、主入口景观带、中心科研生产区森林绿地、组团内的庭院绿地以及地块间的绿化景观带。两条形式自由的绿化景观带把中心科研生产区分成两个组团，沿绿带密植树木，进而将私密性、安全性较高的这一区域进行视线的遮挡，同时提高了园区的绿化环境品质。用地具有均好性，绿地具有均质性、交通具有便捷性，有利于创造有序发展的布局。科研办公

与绿地相融合，从而实现园林式的高科技科研园区。

保证用地规划具有弹性。规划采用大组团内含小地块的结构形式，地块间用地条件相当，规划指标要求统一。此结构方便地块间在一定程度上进行组合和拆分，有效地适应未来建设规模的不断变化（图 6-66 ~ 图 6-71）。

规划指标：

规划用地：50 公顷

允许地上建筑面积：60 万平方米

容积率：1.2

建筑密度：29%

绿地率：37%

设计时间：2010 年

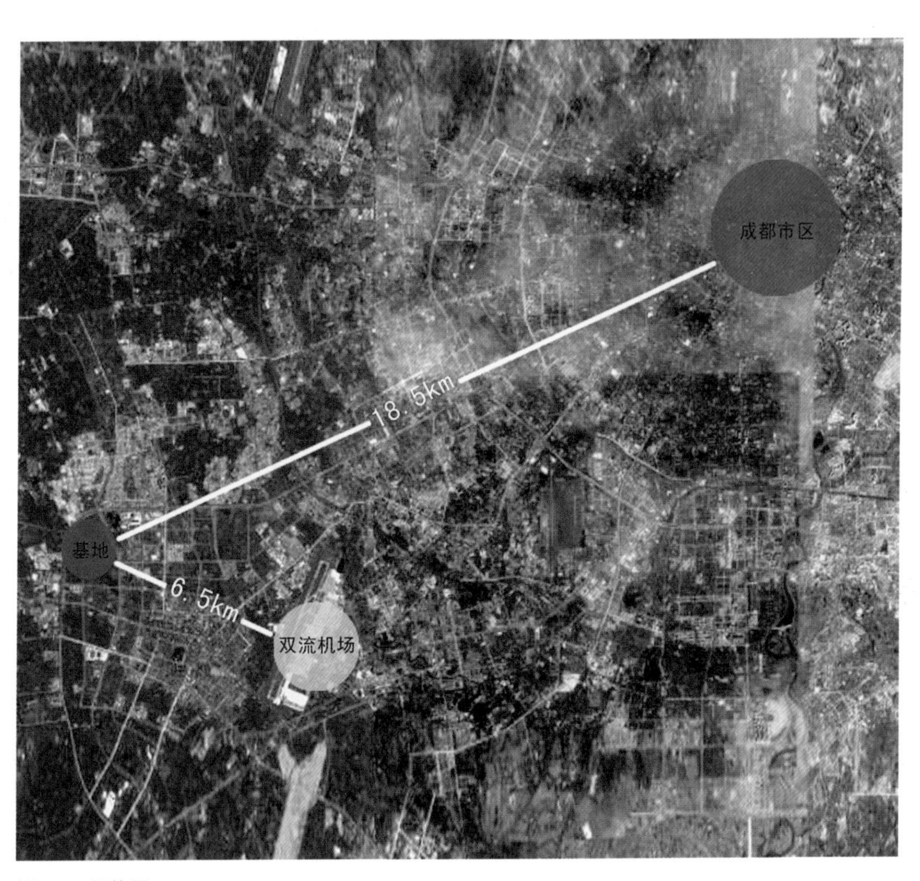

图 6-66 区位图

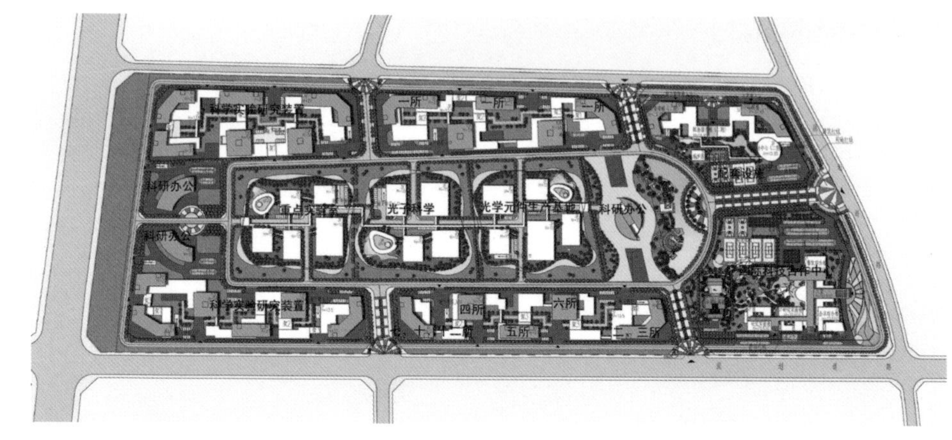

图 6-67 规划总平面图

图 6-68 规划鸟瞰图（a）

图 6-69 规划鸟瞰图（b）

图 6-70 规划主入口方向透视图

图 6-71 规划南入口方向透视图

2. 中国工程物理研究院国际科技合作中心建筑设计

国际科技合作中心位于中国工程物理研究院成都科技创新基地东南启动区，主要建设内容包括科研实验、高端学术会议、高档住宿、特色餐饮、休闲娱乐的科学合作中心楼以及配套辅助设施的管理和住宿用房。

由于项目用地东、南两侧均为城市绿地景观，方案分别将实验、餐饮、娱乐、会议各功能沿东、南侧道路一字排开布局，使其各功能均能享受良好的景观和便利的交通，并沿道路形成一个个功能体块，体块之间用交通廊相连，形成景观通廊，将城市景观引入内院。

考虑到景观和私密性的要求，将客房部分布局在用地北侧，远离城市道路，不仅有良好的朝向同时拥有内院的绿化景观，东南两侧的城市绿化带也可尽收眼底。

方案从成都独具特色的宽窄巷子、锦里等具有地方文化特色的建筑风格入手，建筑内部空间用一条街巷式的交通空间将各个不同的功能院落贯穿起来，形成了一个具有现代元素又不乏传统意味的现代村落的感觉。合院式的空间通过连廊和其他公共空间的灵活布局形成了半隐半透的视觉效果，与大的中心绿化园林相互呼应与衬托，使得整个建筑更具有当地传统文化的神韵。

设计理念即是：巷—里—村落（图 6-72 ~ 图 6-80）。

建设指标：

总用地面积：12.8 公顷

总建筑面积：82434 平方米

容积率：0.64

建筑密度：15.4%

绿地率：56.8%

设计时间：2010～2014 年

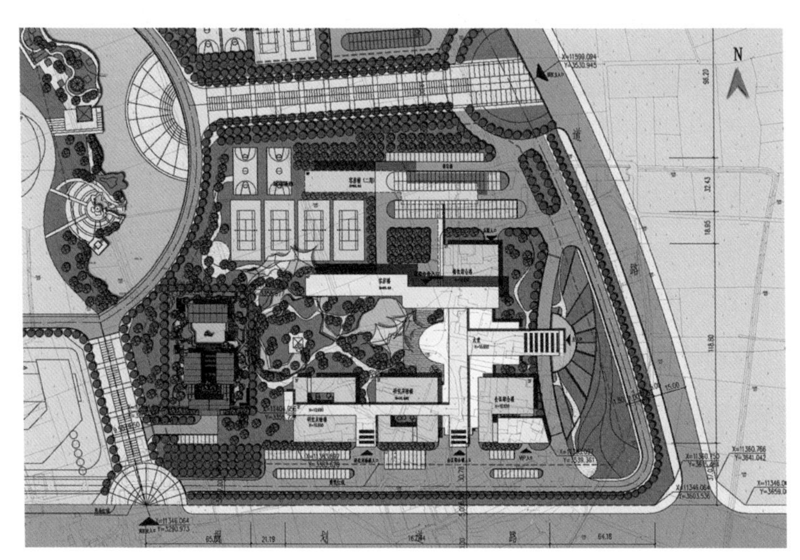

图 6-72 国际科技合作中心总平面图

图 6-73 国际科技合作中心鸟瞰图

图 6-74 国际科技合作中心透视图

图 6-75 国际科技合作中心专家公寓鸟瞰图

图 6-76 国际科技合作中心专家公寓透视图

图 6-77 国际科技合作中心实景

图 6-78 国际科技合作中心内院实景

图 6-79 国际科技合作中心大堂实景

图 6-80 国际科技合作中心会议中心大堂实景

6.6 中关村软件园太湖分园规划设计

中关村软件园太湖分园位于无锡市区南端，项目总用地面积 20.12 公顷，建筑规模约 21.6 万平方米。该园区是以软件研发外包和物联网信息服务为主的高科技园区，其产业发展目标是建设集软件与通信产业研发、高端服务外包、中小企业孵化器、产品中介服务中心与研修培训中心为一体的综合科技服务区。

由于规划用地形状非常不规则，对功能使用不太理想。为化劣势为优势，整个规划采取了统一的手法，使建筑成为组群，突出整体性、连贯性，且便于各组团之间的联系。

设计方法是在整个基地设计出交叉的网络，该网络与场地两个方向分别呈交叉平行状，网络的布局突出体现了该园区的软件研发和物联网信息服务等功能的特点。

沿网络线布置建筑组团，使建筑各单体全部面向南向。同时，网络的开口方向为东南向，恰好为无锡的主导风向。这样，在当地的气候条件下可充分利用自然通风。通过风环境的模拟，证明了该网络化建筑布局会充分利用自然风的条件，有效地利用可再生能源创造出了适应人员停留的场所，这种小气候的创造正是该园区的最大亮点。网络的每个交叉点布置成交通和开放空间，连结各个楼层，这里布置社交区域和后勤保障设施，如咖啡厅 / 茶厅、厨房和卫生间。成为网络中垂直和水平的连接纽带。

规划分为两大区：在用地东侧主要为孵化区，西侧为标准写字楼与定制出租区。交通组织以内环及入口方向的道路为主交通，机动车进入地下空间。而地面主要以步行系统为主。建筑的网络化布局使建筑组团间形成了连续的步行空间和景观环境，从而达到了人、车分流的目的。连续的步行系统和连续的景观环境在组团间形成一进一进的庭院，犹如江南水乡的意境。伴随着周边建筑首层退进的骑楼，人们可以在骑楼下研讨和休息，创造出了江南的意境和适合软件研发等脑力工作人员休息和产生灵感的最佳空间。

结合建筑网络化的布局，景观设计在整个用地内形成网状、连续、匀置的景观系统。连续的步行与景观环境在一定的距离内形成开放的景观节点，该景观节点均面向中心湖水景观开放，使中心景观与组团绿地产生联系。每个院子均有自己不同的特色，可以提供给园区员工不同的感受，让整个园区处在一个自然美丽，色彩丰富、安静、人性的且令人激动的工作场所。每一个独特的景观都通过特有的处理，使景观和建筑立面有机地结合在一起，创造一种独有的户外体验。

考虑到无锡的气候特点，在园区内散落地布置小品水景，增加了园区各组团间的识别性，同时这些水景也将起到调节小气候的作用。

充满着自然光线，自然通风和自然景观的开敞办公环境是新时期现代人文科技办公的体现。这些垂直和水平的节点与办公环境相互交织成为该网络主体中独有的景观环境（图 6-81 ~ 图 6-88）。

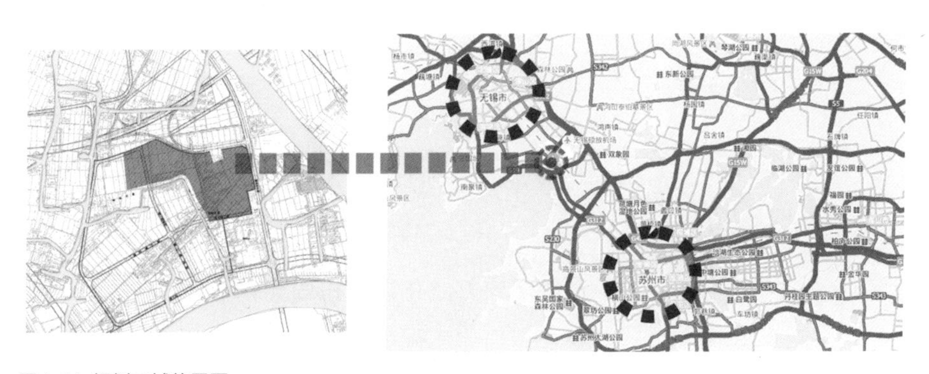

图 6-81 规划区域位置图

中关村软件园太湖分园一期工程建筑设计方案经济技术指标		
规划总用地（㎡）		201172.8
总建筑面积（㎡）		259890
其中	地上建筑面积（㎡）	215890
	地下建筑面积（㎡）	44000
容积率		1.1
建筑基底面积（㎡）		61634
建筑高度（M）		16.5
建筑密度（%）		30.64
绿化率（%）		29.59
机动车停车数量（辆）		1295，其中地上110辆，地下1195辆
绿化面积（㎡）		59523
广场面积（㎡）		8030
道路面积（㎡）		22520

图 6-82 规划总平面图

规划指标：

规划总用地：201172.8 平方米

地上总建筑面积：215890 平方米

容积率：1.1

建筑密度：30.64%

绿地率：29.59%

设计时间：2010 年

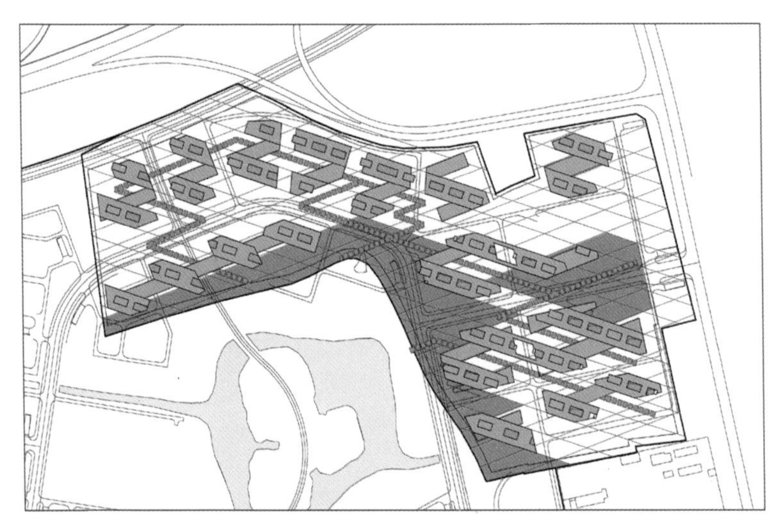

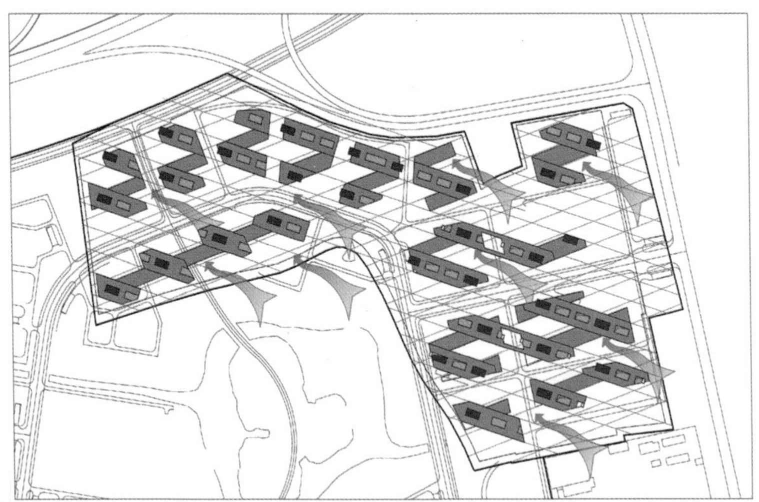

图 6-83 规划构思分析图

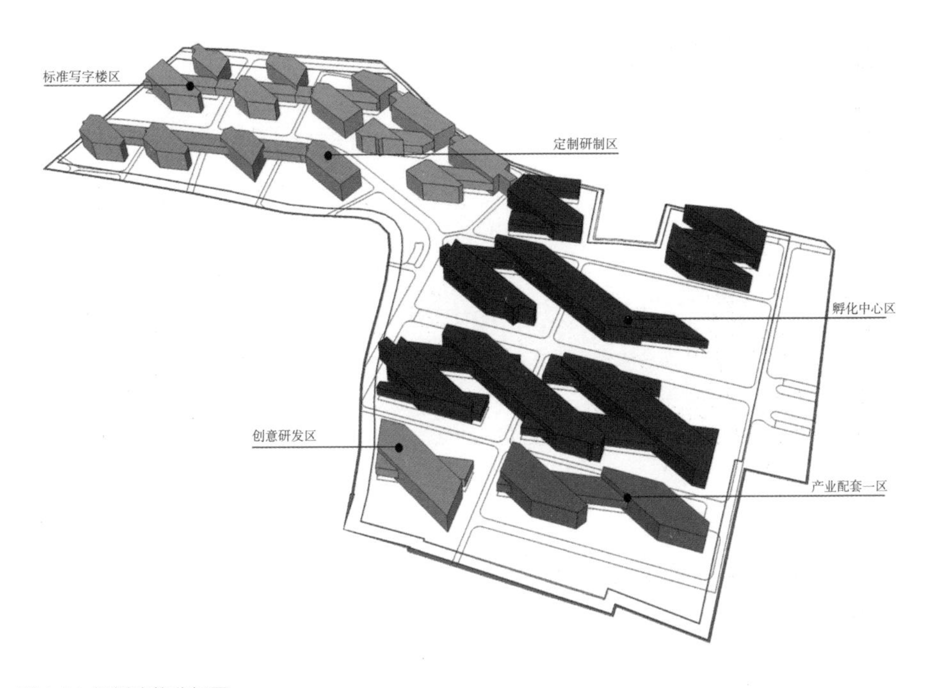

图 6-84 规划功能分析图

图 6-85 规划总体鸟瞰图

图 6-86 建筑组团效果图（a）

图 6-87 建筑组团效果图（b）

图 6-88 建筑组团效果图（c）

6.7 青岛蓝色生物科技产业园规划设计

青岛国家高新技术产业开发区设立于1992年11月，地处青岛高新区的中心位置，是青岛、红岛、黄岛“三点布局、一线展开、组团发展、品字形”架构战略布局的核心区域。包括崂山高科技工业园、黄岛新技术产业开发试验区、市北科技街三个园区。2008年2月，青岛市以市北新产业园9.95平方公里为核心将其周边区域共63.44平方公里纳入青岛高新区统一规划，建设“青岛高新技术产业新城区”。

本项目“青岛蓝色生物科技产业园”是青岛市政府提出的“环湾保护、拥湾发展”战略规划核心圈层的起步组团，项目位于青岛主城区西北方向红岛“青岛高新技术产业新城区”内，位置为火炬大道以北、正阳路以南、中央智力岛以东、洪江河以西。是以蓝色海洋生物医药为主的集研发、生产为一体的高科技产业园。

“蓝色经济以海洋为特色，产业链长且宽厚，强调的是人、海洋与经济社会的和谐发展，具有强大的综合竞争力和可持续发展力。”国家已把海洋产业确定为与信息、生物、航空航天、新材料、新能源同等地位的高新技术产业。

而蓝色经济区建设，是一场以临港、涉海、海洋产业为基础，以科学利用海洋资源与可持续发展为前提，以先进科技和优势产业为特色，经济、文化、社会、生态协调发展的经济浪潮。青岛市正积极培育形成以环胶州湾区域为中心，以胶州湾东西两翼为新增长极的“一湾两翼”蓝色经济发展布局。而在这个充满活力的蓝色经济核心区中，又有若干个核心带动区，包括董家口临港产业区、胶州湾西海岸新经济区、高新区胶州湾北部园区、胶州湾东海岸现代服务业区，鳌山海洋科技创新及产业发展示范区。

北科建集团借助企业自身优势和青岛市建设第三代新城发展蓝色经济战略的历史性发展契机，通过对胶州湾区域产业经济发展规划的深入研究，在原有高新区城市规划和产业规划的基础上，以最大限度发挥北京与青岛互补优势为纽带，以重点打造面向全球的蓝色生物研发、生产交付能力为亮点，以产业研发与当地生态环境和经济发展高度契合为内涵，以凸现文化氛围浓郁、创新思维活跃为宗旨，倾力打造一个具有基础设施完善，功能配套齐全，信息网络发达，生态环境优美，健康人文和谐、产业布局合理、专业服务一流的国际化综合生态高科技产业功能区。使之成为立足青岛市辐射胶州湾经济发展带上的一颗明珠。

园区建成后重点吸引国家海洋生物药、基础药物、小分子药物、蛋白质药物、基因重组药物、中药、检测试剂及设备、原料药物及辅料、医疗材料及器械、生物制剂等方面的国际国内知名机构、研发中心及相关企业入驻，打造以海洋生物医药为特色的国际一流生物医药科技产业集群，从而起到带动青岛高新区的蓝色生物产业的发展，提升青岛高新区的产业能级作用，符合建设创新型国家中长期发展战略。

规划“青岛蓝色生物科技产业园”依托海洋资源，以发展海洋生物医药产业为主，让人联想到园区从启动区起步，经过孵化，逐渐成长壮大的过程，犹如海洋生物“珊瑚”的生长一般，稳健而有机、坚固而自然。也预示了“蓝色经济”“蓝色格局”的发展过程，将会像珊瑚一样在滨海地区成片密集发展，形成一定规模。所以本规划的设计构思即为：蓝色经济→海洋生物→自然生长→珊瑚群岛。

规划构思是由珊瑚主干发展为珊瑚支干，再由珊瑚支干生长出珊瑚岛。规划方案利用中心景观轴表现珊瑚主干，用从中心景观轴分支出的次景观轴代表珊瑚支干，而自由变化的研发、实验建筑，中试、展示建筑，居住、商业配套建筑则有机地组成了珊瑚群岛。研发、实验建筑、居住、商业配套建筑以自由流畅的条形建筑为主，并有机地围合成半开敞的院落，自由曲线的外轮廓与珊瑚取得意向上的统一，中试、展示以点状布局，自由穿插于珊瑚状建筑群之间，犹如鱼类穿梭其间。

园区分为研发孵化办公区和蓝色生物医药研发生产区。研发孵化办公区服务于生物医药企业的创业、创新、研发、中试、技术交流，提供产业孵化服务、研发办公、会议会展、商务酒店等专业性功能空间。蓝色生物医药研发生产区以面向生物医药研发、生产一体化企业招商为主，形成以生物制药、海洋生物利用、生物制剂和医疗材料器械的功能性组团。

本项目的产业功能模式经历着从创意到研发、生产、中试、生产、展示、销售的产业模式。居住、生活模式的引入，对产业发展起着至关重要的作用，二者有机结合、互相融合，形成不可分割的链接关系。

园区发展将会经历着启动区、主园区、主园区发展区的生长周期，随着这一生长过程，园区的功能也从小规模的孵化向较大规模的研发、生产发展。入园企业也从最初的在启动区租赁孵化实验室、中试平台，发展到主园区的企业租赁较大规模独立的实验、中试建筑，及独立购买地块，自建实验、中试平台，同时大量地入驻企业带来大量的居住人口和商业、生活配套设施，研发与配套需以同比例共同增长。

从性质到规模上的多种模式发展会随着园区规模的扩大不断变化。本规划方案旨在强调规划的灵活性，在用地的性质、地块的灵活划分、地块指标的控制上探讨一种灵活可变模式，更为园区的发展提供可操作性的合理建议，使园区发展更具可操作性。

本项目位于青岛滨海地带，是青岛打造滨海蓝色经济的重要组成部分，更是青岛市“创新”、“绿色”、“共融”，自然和谐发展的一部分。贴近自然，是本次规划首先考虑的问题（图 6-89 ~ 图 6-100）。

图 6-89 规划区位图

规划指标：

总用地面积：153.61 公顷

总建筑面积：22866087 平方米

平均容积率：1.49

建筑密度：28.27%

绿地率：50.58%

设计时间：2010 年

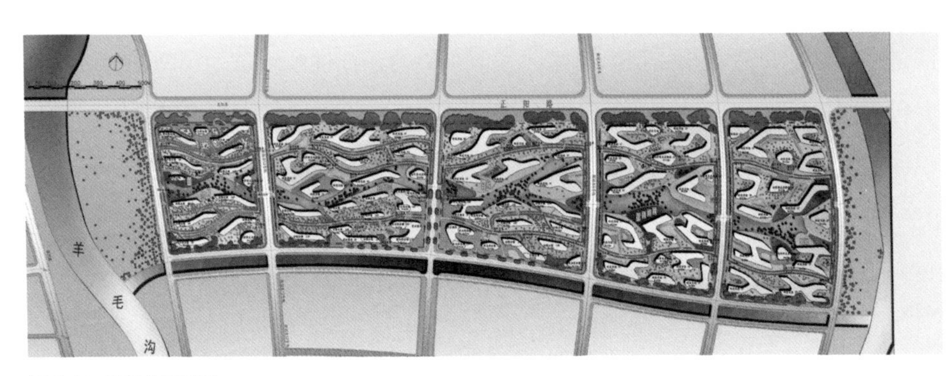

图 6-90 规划总平面图

图 6-91 规划总体鸟瞰图

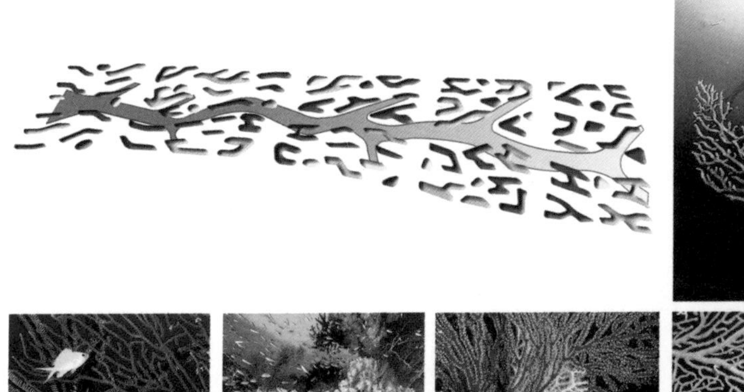

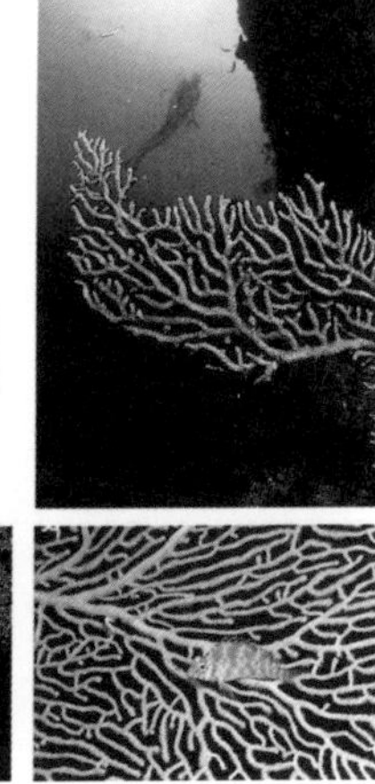

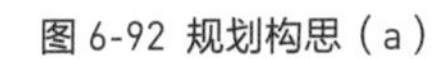

图 6-92 规划构思（a）

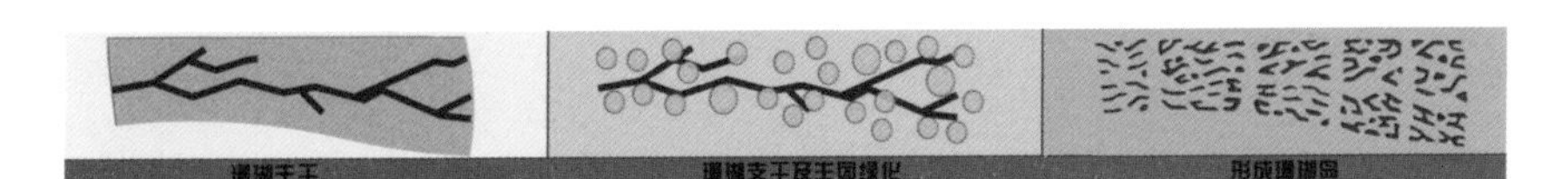

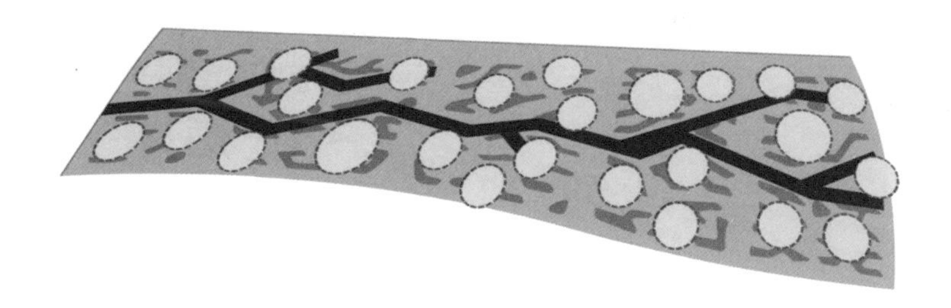

图 6-93 规划构思（b）

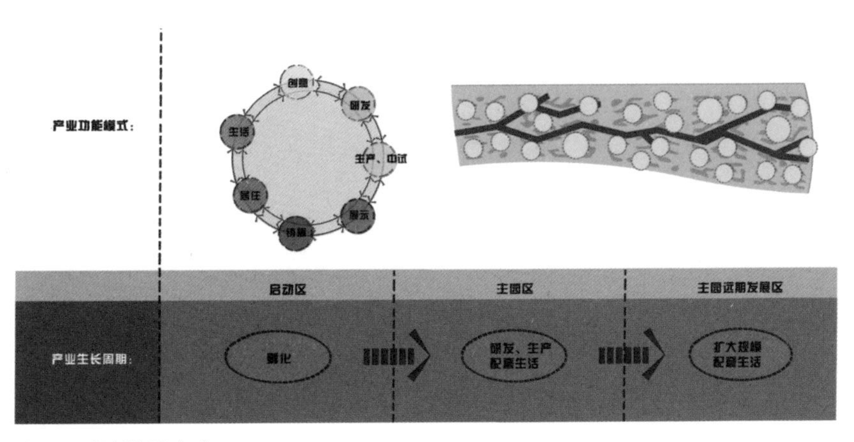

图 6-94 规划构思（c）

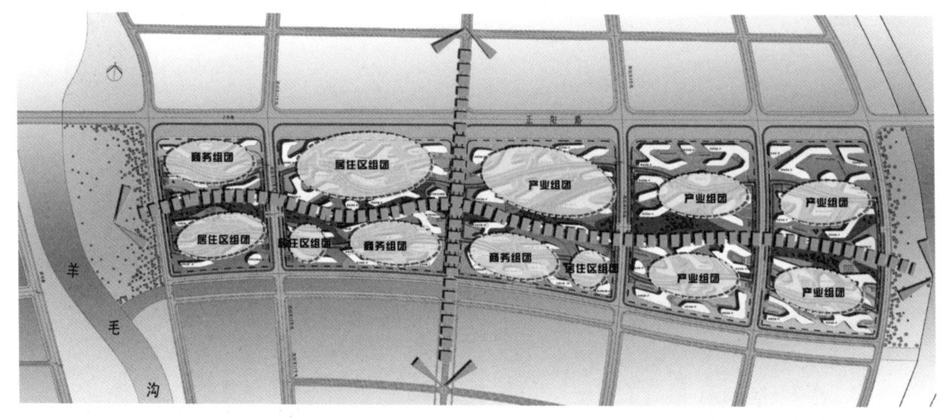

图 6-95 规划结构分析图

图 6-96 功能分析图

图 6-97 配套设施规划分析图

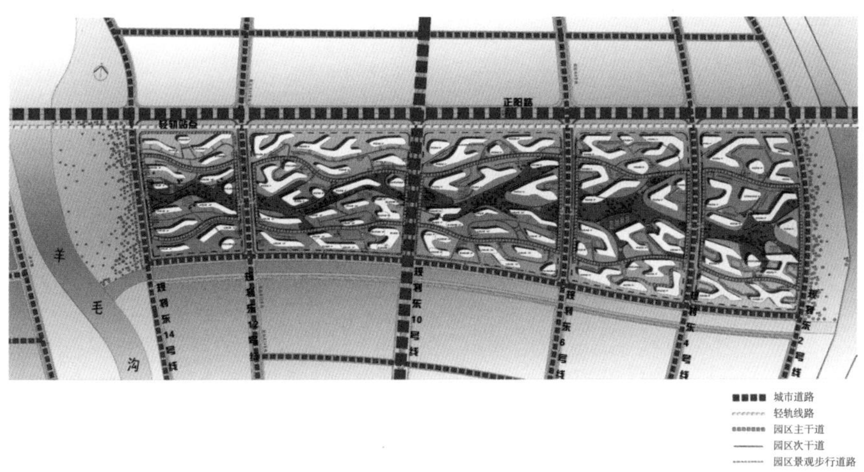

图 6-98 交通系统分析图

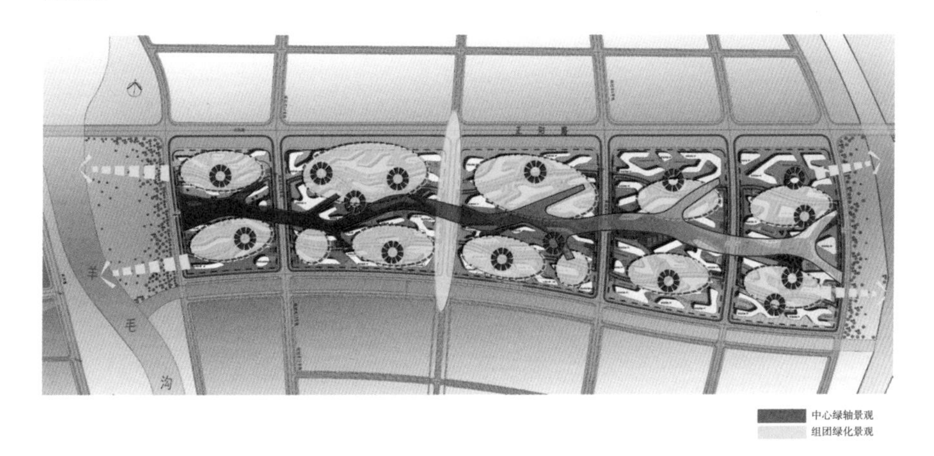

图 6-99 绿化景观系统分析图

图 6-100 园区研发组团效果图

6.8 平潭软件园规划设计

平潭综合试验区位于台湾海峡中北部，是祖国大陆距台湾本岛最近的地区，具有对台交流合作的独特优势。不仅作为推动两岸关系和平发展的新载体，打造台湾同胞“第二生活圈”，也有利于探索两岸合作的新模式，成为新时期深化改革、扩大开放的新路径。

平潭软件园不仅有平潭综合实验区自身的产业及人才集聚优势，又有与台湾新竹科学工业园得天独厚的地理条件。通过两岸的技术合作与交流，可以打造出产业与经济的增长并进一步辐射到新加坡等东南亚国家，成为具有“产、学、研”综合功能的高新科技园。

平潭软件园用地东北侧为高档住宅区及休闲区，休闲区内有大片的湿地景观带。西南侧紧挨中央湖区，有非常优质的景观环境，并为软件园区内提供了景观视觉节点。软件园西侧是山麓生活区，有完善的居住和生活配套，东南侧的大学城使软件园具有“产学研”特色发展的先天优势。

作为平潭岛的北门户，平潭软件园用地周边的交通非常便捷，周边有高铁，快速路，本方案在用地南侧道路预留了环岛轻轨线，并设有站点服务于软件园及大学城。

平潭岛主导风向为北风，平均风速为 4.8 米 /s，由于园区北侧无遮挡，本规划更加重视风环境的影响。

规划构思来源于对海岸的联想。我们美丽的地球被海水覆盖着，海水上漂浮着大陆板块。蜿蜒交织的海水渗透到陆地，形成了美丽的大地景观。本规划的理念即以这种大地景观作为意向而形成的，起名为“海市”。

“海市”有双重含义，其一为海上的城市，其二表达的是流动、虚幻的美景，犹如平潭岛的山和雾气一样。在海水与陆地之间形成美丽的、虚幻的、漂浮的感觉。本规划方案也将这种意境进行充分地表达。

由于上位规划已确定了城市的方格网肌理。规划方案首先将延续已确定的城市肌理，然后将绿地和水系像海水一样渗透进这个区域内，形成了人工与自然相交织的形态。冲刷出的“岛屿”便形成了各功能组团。表达出了海水与陆地交汇处的大地景观意向。

平潭软件园主入口设于用地南侧中央，与大学城主入口相对应，由于环岛轻轨将在此设站，园区南侧将成为同时服务于城市与园区的重要区域。园区南侧规划三个组团，其东侧为城市综合体，集酒店、公寓、办公、商业、娱乐、餐饮、邮局、银行等为一体，既服务于周边区域，又是园区的综合性配套设施。园区南侧中央部分为综合办公楼，其功能为园区管理办公、会议、一站式服务大厅、城市各行政管理部门设置的办公室、孵化器等，同时其主楼将成为园区中轴线上的标志性建筑。园区南侧西部为两岸合作科研区，在园区建设初期积极促进两岸合作，并考虑专业的功能配置，带动园区未来的发展。园区主入口处规划了展览接待中心，同时兼会所功能，为园区招商及对外宣传的窗口。

全区其他组团建筑按 100 米、50 米和 24 米形成三种空间层次。高层塔式建筑以公寓和研发功能为主，共裙房部分底层为商业，上部为组团停车楼。高层板式建筑为研发楼，将中庭与空中绿化庭院相结合，形成人性化的办公场所。办公空间可进行灵活划分，适应软件企业办公灵活性的特点。多层建筑均分布在中央绿地附近，环境最佳，为总部研发楼。各组团建筑高低错落，按功能不同形成不同的空间和环境效果，组团自身的配套齐全、完备，有利于招商与分期建设。

园区规划了一条闭合的步行内街，该内街与各组团串联，并汇聚于综合体。步行内街周边设有小型配套服务功能，如咖啡厅、快餐厅、健身房、洗衣房、花店、礼品店、小超市等，为研发楼内的员工提供最便捷的服务。

整个软件园区功能分为研发办公与配套服务两大部分。而规划将两部分功能进行复合，每个组团配套齐全，形成多个复合组团。配套服务分三级，一级为园区级，二级为组团级，三级为步行街，三级服务贯穿于各组团。也符合软件人的生活方式和工作特点（图 6-101 ~ 图 6-111）。

规划指标：

总用地面积：1447770 平方米

地上总建筑面积：3243848.5 平方米

建筑密度：24.67%

容积率：2.65

绿地率：37.6%

设计时间：2012 年

图 6-101 平谭软件园区位图

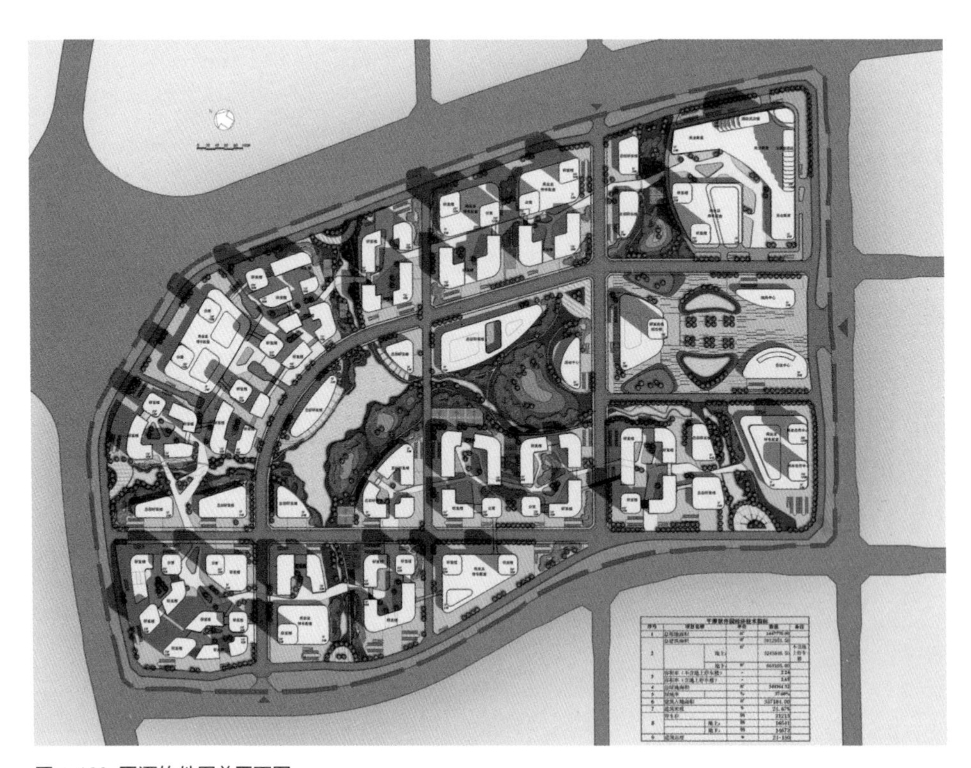

图 6-102 平谭软件园总平面图

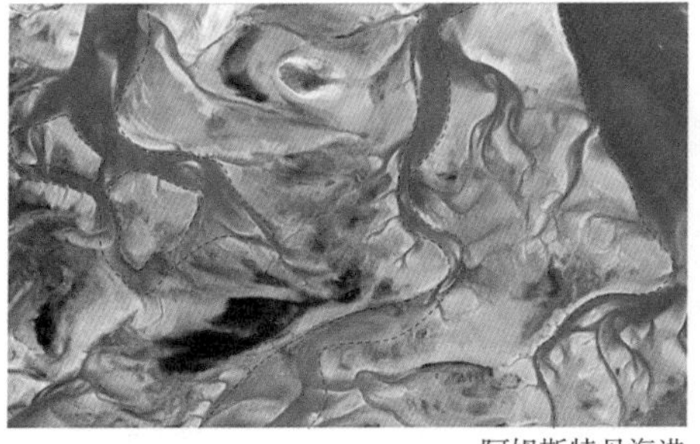

阿姆斯特丹海港

福建港口沿岸

新加坡港口沿岸

悉尼情人港

图 6-103 海岸线意向

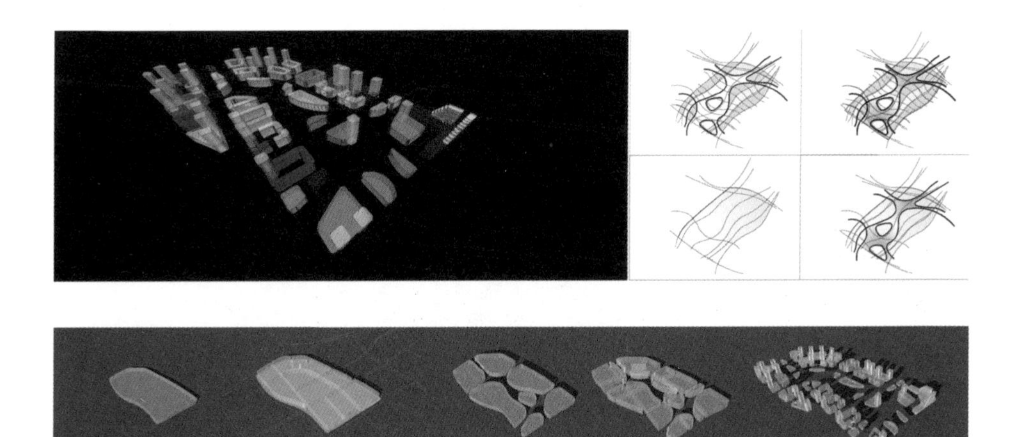

图 6-104 设计概念图

图 6-105 平潭软件园鸟瞰图

图 6-106 平潭软件园服务内街

图 6-107 研发组团内庭透视

图 6-108 中心景观轴鸟瞰图

图 6-109 研发组团透视图

园区 1.7 米高度环境风速分布图

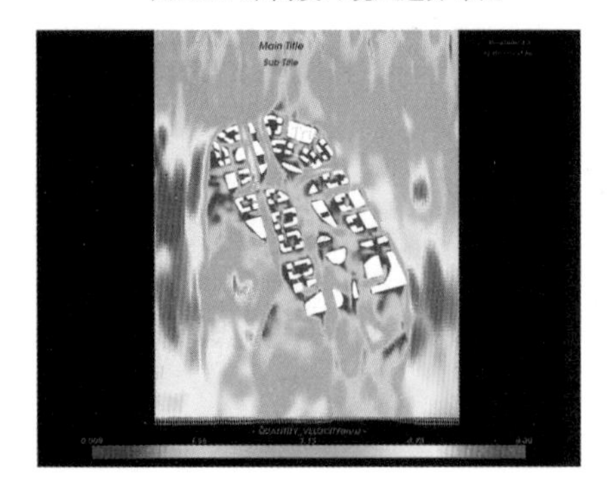

园区 1.7 米高度环境风向分布图

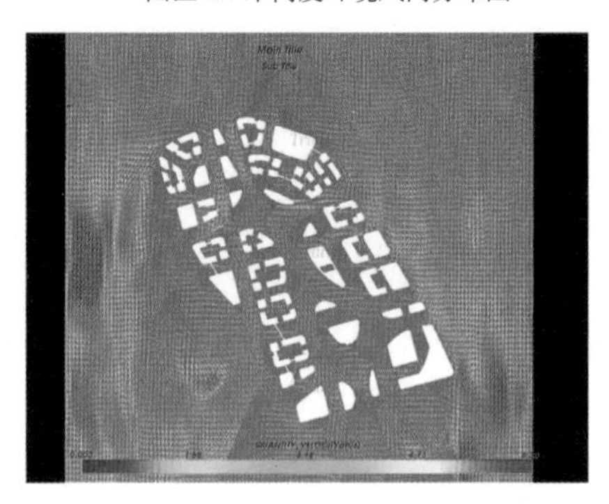

图 6-110 生态可持续—风

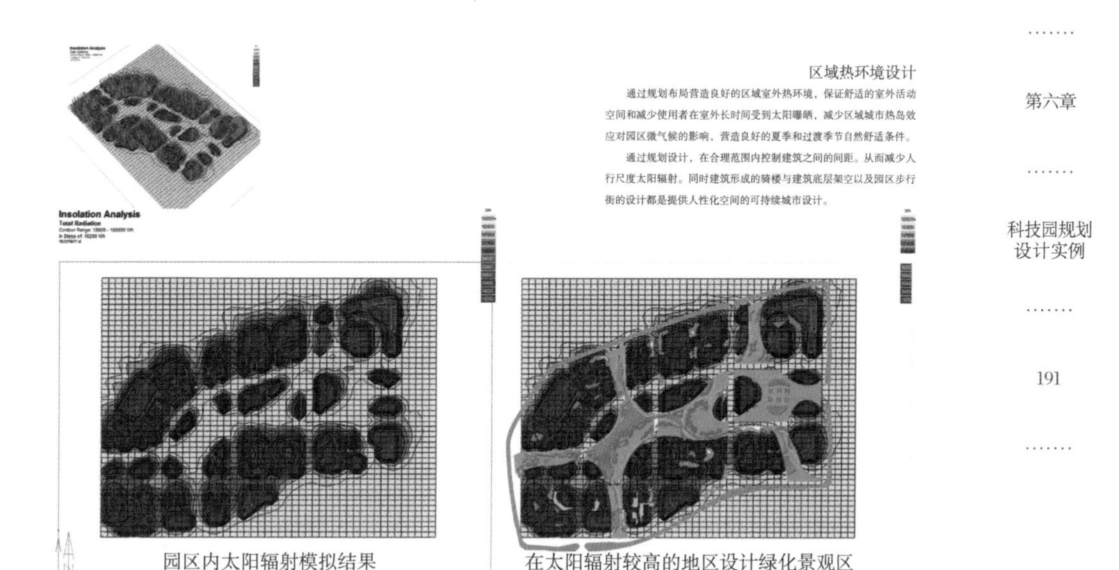

图 6-111 生态可持续—太阳辐射

6.9 厦门软件园三期规划设计

1. 规划背景

厦门软件园三期选址于厦门集美后溪镇，位于集美新城核心区以北，厦门北站片区和灌口小城镇之间。背靠河南山，面向集美新城和园博苑。先期规划建设用地面积约 4.9 平方公里，后调整到 7.3 平方公里。

园区建设既有利于集美新城功能的完善，充分发挥城市次中心作用，分担本岛的部分功能；又可利用集美文教区和三大基地的建设带来人才和产业集聚的优势，可以成为园区良好的产业依托。

根据工信部数据，2010 年，中国软件业务收入规模同比增长 31%，产业规模比 2001 年扩大十几倍，年均增长 38%，对社会生活和生产各个领域的渗透和带动力不断增强。作为“十二五”的开局之年，软件产业的良好发展势头已经显现。上半年，中国软件产业收入较快增长，外包服务发展迅猛，产业结构不断调整。相比以往，“十二五”期间，软件产业在基础设施及硬件建设方面的投入会相对减少，而突出以信息技术的应用为主。

结合软件产业、地方经济和地域特点，结合“十二五”规划，厦门软件园三期将建设成为世界一流的软件和服务外包基地，打造世界一流的创新型特色园区。主要将引入八大产业：软件和服务外包产业、动漫游产业、网络产业、工业设计产业、集成电路设计产业、总部经济、教育培训产业、高端研发制造业和配套型服务业产业。并向低碳经济时代迈进。

各类产业具有的共性是都具有从孵化到加速再到成熟的发展全过程。处于孵化阶段的软件企业规模小、资金少，往往以租赁办公空间为主；随着其掌握的先进技术的发展，企业规模也不断扩大，很快进入到加速阶段，办公空间的需求不断增加。最终进入到成熟企业阶段将形成独立的园区。

在国家高度重视和大力推动下，软件产业已逐步成为整个信息产业的核心和灵魂，并成为经济社会发展的基础性、战略性的先导产业。厦门软件园将一直致力于“硬环境”和“软环境”的建设，构建优良的园区物理环境和产业发展环境，成为厦门率先在软件与信息服务领域具有技术主导权的产业集群。

软件园三期用地背靠河南山，面向集美新城和园博苑，山体植被良好，河流水系交织，自然条件优越。用地以山地为主，中部有多处小山体和鱼塘，北部有部分耕地，涉及多处特殊用地及三处村镇建设用地。市政条件较复杂，集美北大道正在建设中，厦深高铁线从基地中部穿过，且有多条高压线穿过。

基地总体对外交通条件良好，由于市级基础设施和自然地物阻隔，与外部联系需要系统性地加以整理，满足大量交通联系的需要。地面道路主要依靠南向跨越沈海高速公路与集美核心区联系；东向跨碧溪与厦门火车北站和后溪联系；西向与灌口路网可以顺畅对接；北部有河南山与后溪镇阻隔，需要加以联通。

基地内部有两条地铁线路通达，在基地中心设有规划的地铁站点，方便远期园区工作人员的日常通勤。

基地自然基础条件较为优越，内部水系丰富，山体植被茂密，未来规划建设可以留有一定的原始植被加以整理，梳理水系，作为景观和防洪排涝使用（图6–112～图6–116）。

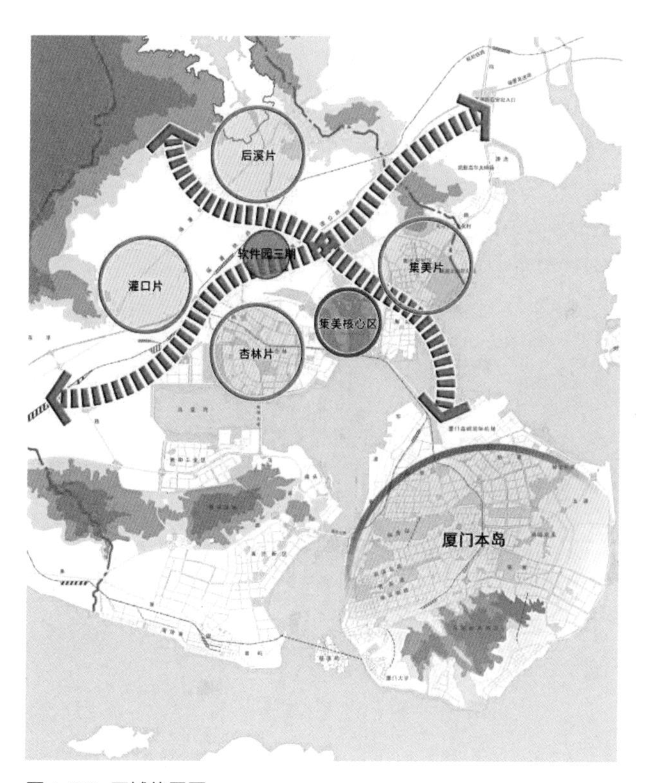

图 6-112 区域位置图

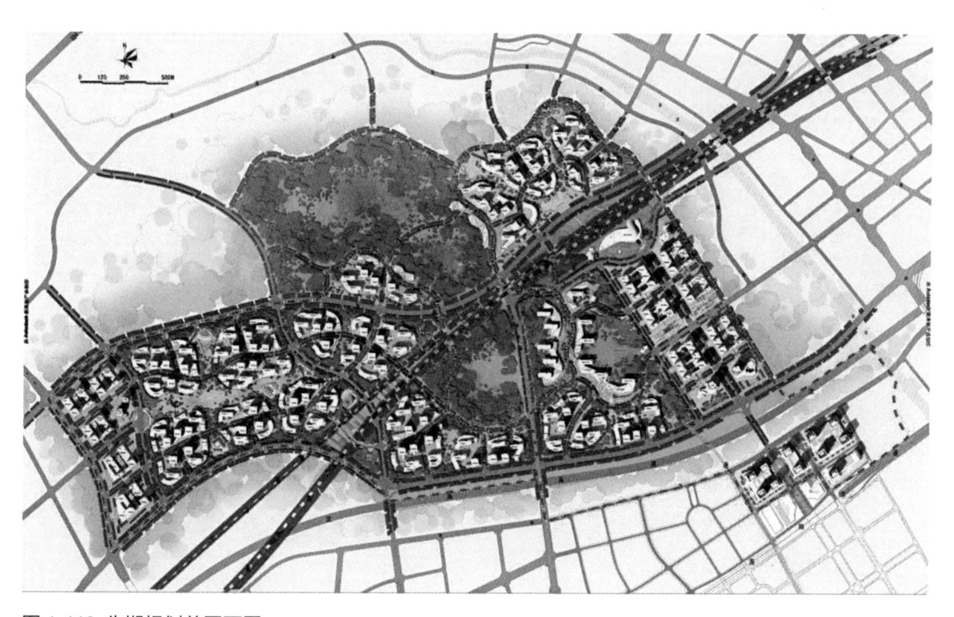

图 6-113 先期规划总平面图

图 6-114 先期规划鸟瞰图

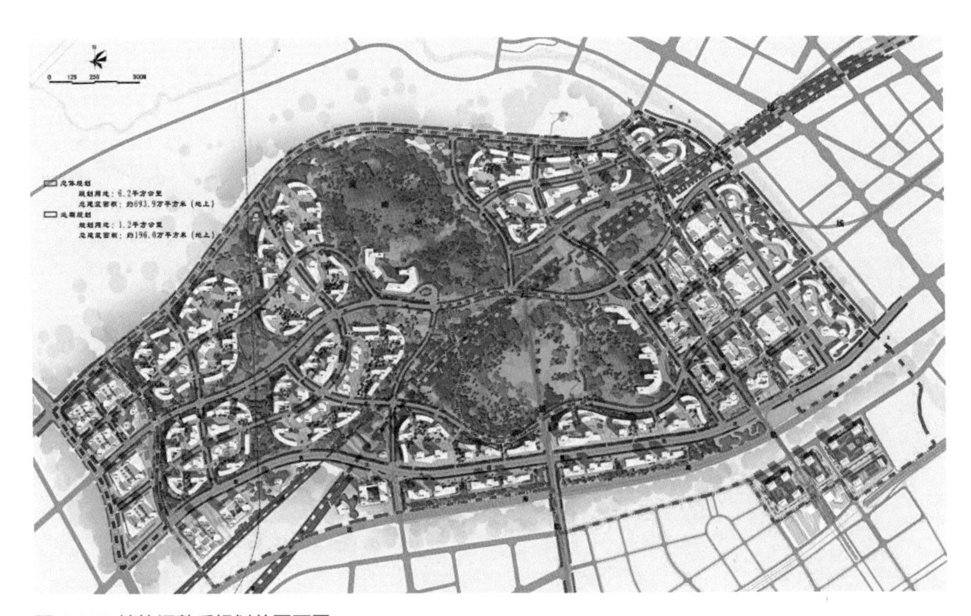

图 6-115 地块调整后规划总平面图

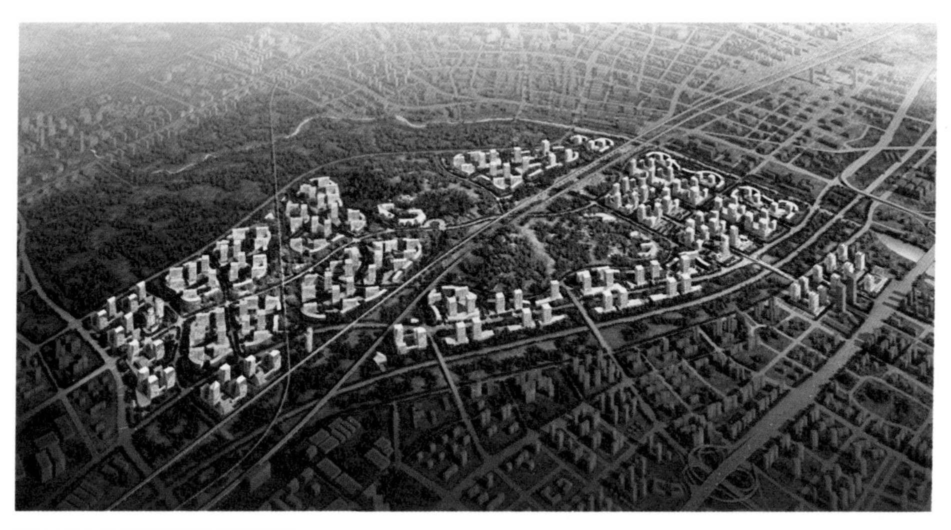

图 6-116 地块调整后规划鸟瞰图

2. 规划理念

离开喧嚣的都市，到郊外可以感受到空气的清新和绿草的芳香，一座座村落在田野中点点缀缀。每经过一个村落的时候，道路两侧是服务性的设施，而外围靠近田野的是居住之所。这种与自然融合的村落形态正是本设计中所要创造的城市意象——都市聚落。

进入园区，地铁站点与中心商业服务节点高度集聚，中心区域各类科研、公共管理服务设施一应俱全，交通、科研、服务、商业配套高度集聚、TOD模式带来的快捷和便利充分体现。聚落内弹性组合，创业型企业、研发型机构、知名规模化企业有机组合，相互激发，聚落既是企业的集合，也是技术的完整集群，更是研发人群的方舟。自然生态基底上承托的聚落向外开放和大自然交融，中心保留的大量生态绿廊，点缀和修补人工性的宜人斑块，设置运动、康体、交流、放松，以及多元文化性景观。现代高科技产业的孵化、成长以及壮大与专业性的服务和支撑体系——功能聚合。

规划将整个规划区分为七个片区。沿诚毅大街往北，沈海高速南侧至轨道站周边为A片区，和与灌口片区相邻的G片区将进行高强度综合开发。其余B、C、D、E、F片区将充分尊重原有的地形地貌，依山就势形成若干聚落组团。

每个组团外低内高，中央部分以配套服务和高层办公建筑为主，外围形成低密度的建筑布局，并开放于周边的绿地，同时也将绿化环境渗透至每个聚落组团内，形成了适宜软件研发的办公环境。

A、G 片区为高强度综合开发区，主要功能为办公、公寓、酒店、配套餐饮和公共服务。建筑高度为 80 米，在东侧与西侧分别成为软件园三期的标志性组团空间。

其他片区均为研发生产功能，并在每个聚落组团内按比例安排相应的配套功能。穿过每个聚落组团的主干路两侧为配套和高层办公与公寓，外围为低密度的研发办公建筑。

C 片区山体部分组团为总部企业区，环境最佳。该区域与会展中心和 A 区中心绿化广场及上体有机联系。

聚落组团可适应不同产业和企业规模，主要模式为：高层建筑以孵化功能为主，周边多层建筑为加速企业，也可将几栋相连满足大型企业的要求。最外围的多层建筑采用大空间的结构形式，不仅可以作为总部办公使用，也可以作为嵌入式企业的生产配套用房。另外的组合模式可以将一个聚落组团提供给二至四个大型企业独立使用，每个企业均可满足自身的所有必备功能。同时也可提供给一个大型的企业或若干聚落组团共同形成“园中园”。

聚落组团的模式在规划中具有均好性和弹性的优点。每个组团均在绿树环抱之中，组团与组团间有大片的绿化环境，在密度上不会产生城市的拥挤感。不仅可以创造一个世外桃源的独享的宁静环境，也提供了均好性。同时，由于每个聚落组团功能布置完备，具有适应不同企业类型，不同企业规模的特点，为项目开发与招商提供了弹性（图 6–117、图 6–118）。

3. 空间形态

园区的整体空间形态主要有三个层次：自然景观形态、聚落组团形态、城市环境形态。

自然景观形态：

软件园三期规划用地山体植被及鱼塘水系保留较好，在充分尊重山体及水源生态的理念前提下，将其保留或借以利用。

通过 GIS 模拟分析，沿河南山向南、向西，形成的连续的几座山丘，最大

图 6-117 规划构思——村落

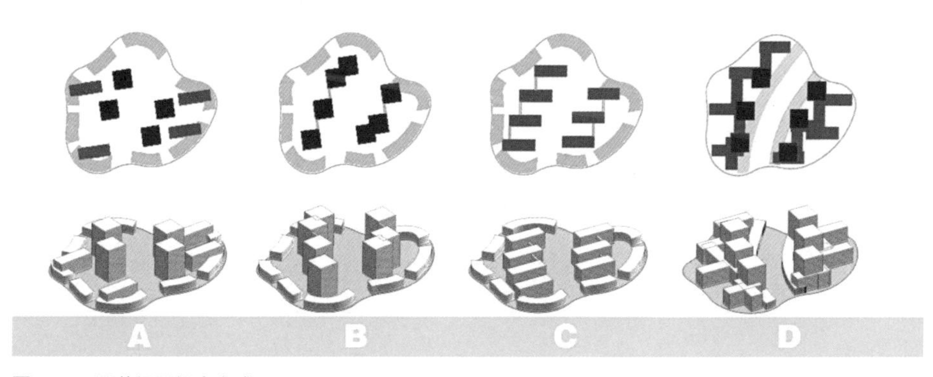

图 6-118 聚落组团组合方式

高差近 50 米，将其重新规划、绿化作为片区景观节点，或结合会展中心等公共配套设施整合改造，提升园区的立体空间景观环境品质，丰富了重要沿线视线通廊网络的构成。

部分水塘局部疏导、填挖，形成成组、成链的自然生态型水体及湿地，渗透到各个研发组团。

聚落组团形态：

依路网、地形不同，聚落组团尺度也有所差异，自由穿插塑造出不同的空间形态。聚落组团之间则是连续的、浓茂的自然生态景观，居高远眺，每个聚落斑块形似一座座岛屿被绿色的浪潮所包围，与厦门岛岛屿的城市意向相一致。

遵循聚落式组团布局的前提，根据园区山体、道路环境特征，聚落将“遇山而停，遇路而止”。在园区 F 片区地形相对平坦，则形成完整的聚落；在 B 片区向北、E 片区向西均靠近山体，聚落组团将形成环抱自然山体的形态；在 C、D 片区，南侧城市快速路横向穿越，聚落组团则形成半围合布局形态。C 片区北侧受限于山体，建筑布局将以多层和小高层板楼为主，依山势而布局，此处位置较佳，视线较好，因此规划为软件园三期管委会。

依所处片区差异，塔楼建筑高度也有所差异，为与环境融合，靠近北侧山体 B、D 片区组团控高 50 米，向南 F 片区组团逐渐过渡至控高 65 米，靠近南侧城市边界 C、E 组团控高 80 米。

城市环境形态：

园区用地东南端、西端与外部城市相接驳，建筑的布局及空间形态将契合城市特征。

A 片区沿集美大道向北延伸，两侧地块有序分列两侧，起点沿袭即将建成的起步区空间形态，在集美大道北岸起点以 100 米标志性建筑组群作为起点，向北延伸，建筑形体以规整的塔、板、裙房呈平面错位式、高低错落式点状序列。在地块内部平行于集美大道主轴线，形成景观通廊，建筑高度控制在 80 米、集美大道向北延伸直至会展中心，穿插于山体的会展中心建筑融合于自然山体造型，将形成该片区独特而亮丽的标志性建筑。

G 片区总体规划将沿袭西侧路网轴线，两侧建筑总体布局和建筑风格均与 A 片区一致，在与聚落组团区汇合至中心广场。建筑高度控制在 80 米、局部 100 米酒店配套形成西区标志性建筑（图 6-119 ~ 图 6-124）。

4. 启动区详细设计

启动区选取 A 片区 4 块建设用地及 C 片区两个聚落组团。

A 片区启动区遵从城市风貌特征，最南端两地块两组建筑分别为配套酒店和园区研发中心大楼。由于南北高架桥限制，规划采取北侧开设主入口，裙房公共

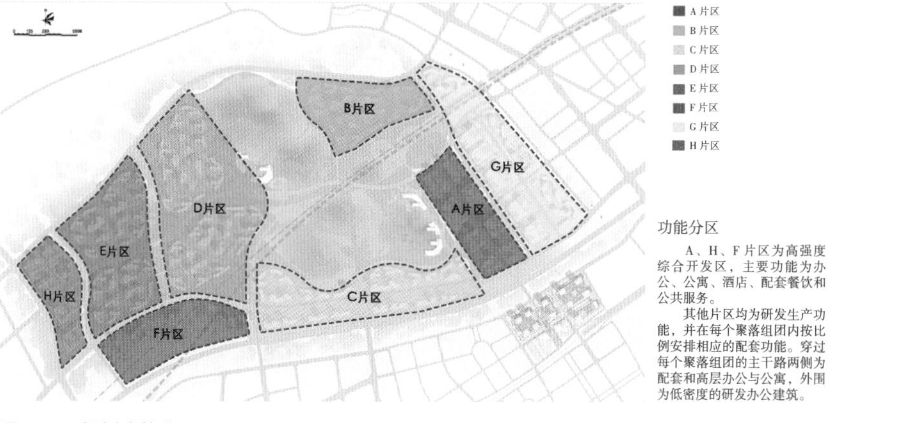

功能分区

A、H、F 片区为高强度综合开发区，主要功能为办公、公寓、酒店、配套餐饮和公共服务。

其他片区均为研发生产功能，并在每个聚落组团内按比例安排相应的配套功能。穿过每个聚落组团的主干路两侧为配套和高层办公与公寓，外围为低密度的研发办公建筑。

图 6-119 规划功能分区

用地布局

建设用地汇总表

用地分类	用地名称	面积（ha）	比例（%）
C25	旅馆业用地	19.06	2.97%
C65	科研设计用地	255.15	39.80%
Cb	商办混合用地	105.18	16.41%
T1	铁路用地	9.96	1.55%
S1	城市道路	119.62	18.66%
G11	公园用地	32.81	5.12%
G2	生产防护绿地	91.33	14.25%
U	设施备用地	7.95	1.24%
总计		641.06	100.00%

图 6-120 规划用地分析

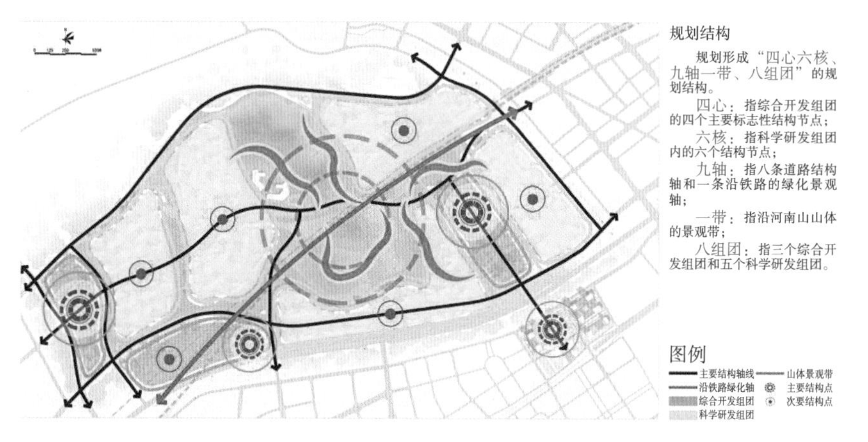

规划结构

规划形成“四心六核、九轴一带、八组团”的规划结构。

四心：指综合开发组团的四个主要标志性结构节点；

六核：指科学研发组团内的六个结构节点；

九轴：指八条道路结构轴和一条沿铁路的绿化景观轴；

一带：指沿河南山山体的景观带；

八组团：指三个综合开发组团和五个科学研发组团。

图 6-121 规划结构

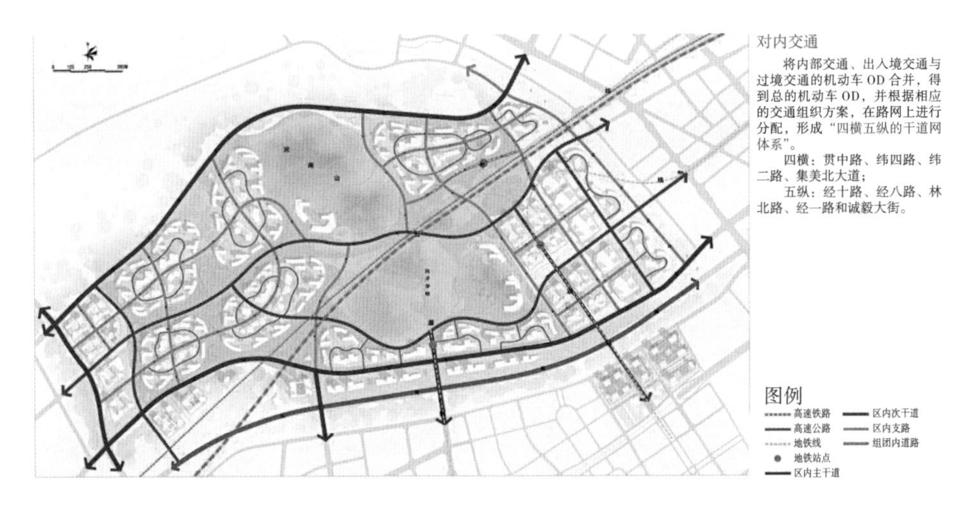

图 6-122 规划交通分析

图 6-123 规划景观分析

服务及配套部分依托南侧公共绿地及广场，形成较好的景观环境，并设屋顶花园。两栋大楼为 100 米建筑高度突出园区入口区形象。北侧两块地块为混合型用地，塔楼为研发楼，板楼为配套公寓楼，塔板之间以空中通廊相连。裙房部分公共配套服务，外部面向城市道路方向严谨规整，内部形成广场街区休闲地带。主要停车将集中在地下空间，这样形成的多组城市综合体集科研、食宿、商务配套等功能为一体，极大地提升了地块活力和研发企业效率，更适合于中小型软件研发企业和嵌入式配套服务企业入驻。

C 片区启动区的两个聚落组团靠近园区南侧城市快速路，以多样的建筑形态穿插、围合而成；聚落外则被大片绿地所包围，环境绝佳。聚落中心以十八层研发塔楼和公共配套型裙房为主，向外自由穿插八层的板楼，最外围以四层弧状板楼包围，首层局部架空，不仅外部景观可向内渗透，并且大大改善了组团内部场地风环境和舒适度，这种布局契合于厦门独特的气候环境。向内侧建筑表皮采用厦门嘉庚建筑红，进入聚落内部空间可以感受到地域特征。除地面少量临时停车外，地下设集中式停车，组团内不同地块在地下联通，形成交通网，缓解地面的临时交通压力。弧线型建筑整体采用独特的桁架结构体系，内部空间将不受柱网所限制，布局灵活，表皮采用玻璃幕墙，视线通透，与外围的自然景观融为一体；组团内高层塔楼、板楼以白色规整的竖向线条为主，具有研发型企业的理性与严谨，楼体局部穿插空中景观庭院或休憩平台，扶栏凭眺，无尽的绿色将收入眼帘（图 6-125 ~ 图 6-128）。

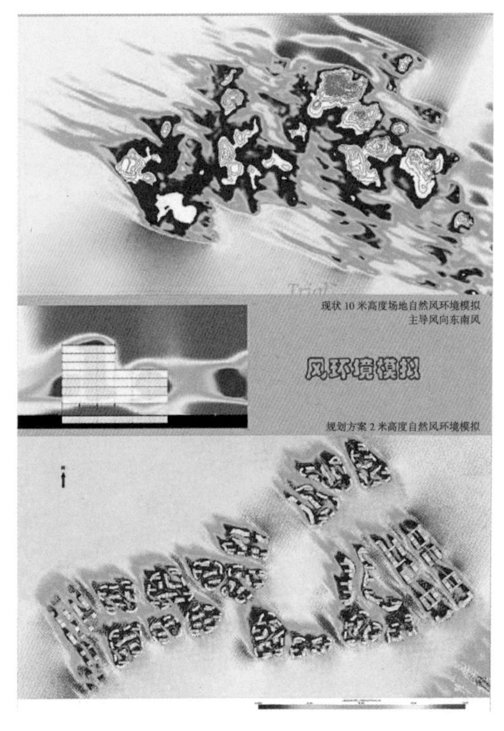

图 6-124 风环境分析

规划指标：

规划总用地面积：7.3 平方公里

地上总建筑面积：895.9 万平方米

建筑密度：21%

绿地率：30%

容积率：2.6

设计时间：2011 ~ 2013 年

图 6-125 启动区鸟瞰图

图 6-126 聚落组团效果图

图 6-127 启动区效果图

图 6-128 启动区建成项目

6.10 中国电科电子科技园规划设计

中国电科电子科技集团公司是中央直接管理的十大军工集团之一。电子科学研究院是中国电科的总体研究院，为从事军工电子信息技术发展战略研究、大型信息系统设计研发及集成生产的国家级科研实体单位。

中国电科电子科技园选址于河北省中北部的涞水县，在太行山东麓北端。该区域位于北京与保定之间，交通便利。本项目占地面积约 3200 亩（约 2.13 平方千米），其中 2000 亩（约 1.33 平方千米）地势平缓，1200 亩（约 0.8 平方千米）为山地，场地无拆迁建筑，大面积种植柿子树；山体秀丽，自然风景极佳，适合于研发与居住。

中国电科集团的标识表达了环绕宇宙天地、e 电子信息及跨越式向上无限发展纵横宇宙天地之间的企业特征。我们的规划理念为星云。“星”代表着星空、宇宙；“云”代表云计算。而“星云”理念形成的规划，象征着天地结合与天地一体化。

由簇团星云形成散落的组团是本规划的鲜明特征。由星云理念形成了规划结构，即“五点 · 一线 · 五片”。

五点：即是五个功能组团，主要为研发、办公、试验、展示等功能。

一线：即为贯穿整个科技园的一条保障及服务功能带。

三片：指生活区部分，由不同种类的住宅而形成三个片区，并与山坳山坡区域相结合。

园区规划本着建设场地的地理人文特征，以融知汇智、创新创业、山水人文、宜居乐业为总体指导思想。园区可分为科研区、民品区、试验区、保障区与生活区。重点打造“三个研究中心，两个试验场和一个产业基地。”

以保野路方向为园区的主要入口。主入口空间被三个组团所围绕。其中西侧组团为科研区、南侧组团为民品区，北侧组团为保障区。主入口以宽敞的景观大道进入园区，在接待中心前广场分流至各组团。同时专用展厅、集成联试环境、数据中心与接待中心共同成为园区主入口标志性建筑。数据中心对院内服务的同时可对外承接任务。

科研区和民品区主要包括新概念卫星研发中心、航天信息数据服务中心和天地一体化网络研究中心。战略预警创新与集成展示中心位于保野路方向的次入口附近，是一个具备创新性、开放性、实验性，集科研、办公、展示、会议于一体的综合“创新发展平台”。

试验区以网络安全与反恐研究中心基础设施及综合电子信息系统试验场建筑群为主功能，位于园区西侧。

保障区由办公、人文社科资料馆、档案馆及线性布局的园区配套基础设施为主，位于生活区与科研民品区之间，为整个园区提供配套服务。配套功能依次为：职工餐厅、动力保障中心、文体中心、幼儿园、武警保障楼、后勤保障楼、后勤库房及社区卫生服务中心。首期可建设一栋职工食堂和动力保障中心，食堂可在二期后再建设一栋，动力保障中心也可以预留二期以后的容量。

生活区以多层住宅、多联排及双拼别墅组成，布局依山就势，分区分布在三个山凹内，背山面南，取得最佳的环境效果。

各组团以及各功能区为考虑可识别性，可在标识系统上加以区别。

在试验区内布置两个试验场，结合设计的上山路线，可将大型试验移至山顶。

“五点・一线・三片”的规划结构与功能分区是对应的，不仅功能分区合理清晰，也充分表达了我们的规划理念。

保野路是园区的主要出入口方向，该方向设园区主出入口。在用地南侧边界开辟城市次入口与保野路联通，该方向为辅助出入口及后勤服务出入口。

机动车原则上除贵宾、消防、设备运输等，不进入组团内部。在组团外设地下车库的出入口，地面尽量少地停放机动车，以更好地保持场地的自然环境。

生态城市的一个最重要的基础是用更少的土地发挥更大的效率。将人工环境高度聚集，同时将自然环境高度保留，这就是“人工尽人工，自然尽自然”的生态原则。

在高度聚集的人工环境中，以提高建筑密度为主，人们可以高效而低碳地联系。同时，自然环境高度保留也提供了绝好的视觉环境和休闲环境。这种方式节约建设成本，节约运营成本，高效低碳的联系与工作，能充分享受大自然的环境。

点式组团的形式非常利于分期实施。园区建设可由保野路方向从东向西推进。可根据建设功能的需要任意选择建筑时序，而相互间不受影响。同时，每个组团内也可以进一步分期，这样可以提供给建设方更大的灵活性。

本规划有如下特点：

弹性：即可分可合，适于分期建设。

适宜性：即适合不同种类的功能相互任意置换。

均好性：即各组团均有良好的自然景观、自然通风与采光。基于以上特点，本规划提供了灵活的分期建设可能性。

为体现现代化科技园区的总体风格，建筑采用了现代的设计语言。合院式的建筑组团的外圈建筑表皮采用均质的竖向线条，并向内部立面由密渐疏地变化，犹如树干的形态。较密实的外圈表皮既体现科技园的性格，又可起到一定的涉密保障。而合院内部建筑表皮通透，最大限度与自然相融合。

标志性节点建筑及配套基础设施的建筑风格根据其自身的功能特点来设计，使其具有可识别性。

居住建筑采用现代风格，与山水共生，注重舒适、温馨，实现“山水人文、宜居乐业”的指导思想。

整个规划以“星云”为理念，以“绿色、低碳、智慧”为主题，以新颖和超前的规划思想，为中国电科电子科技园讲述了一段星云传说（图 6-129 ~ 图 6-149）。

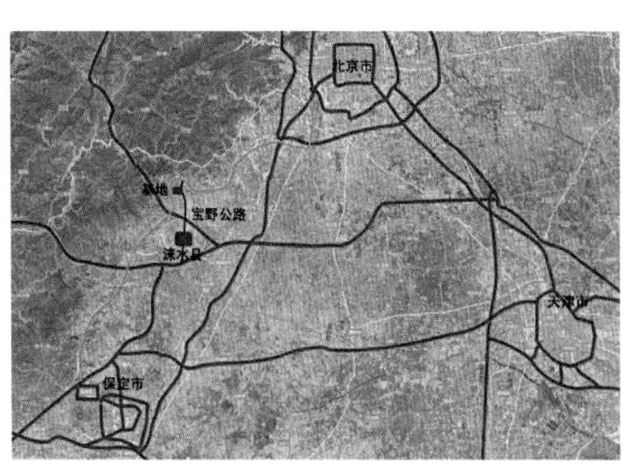

图 6-129 区位图

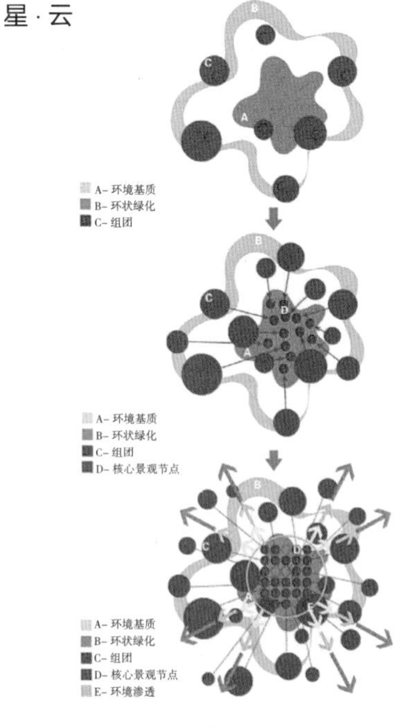

图 6-130 星云规划理念

规划指标：

规划用地面积：213.34 公顷

地上总建筑面积：123.6 万平方米

建筑密度：15.3%

容积率：0.58

绿地率：69%

设计时间：2014 年

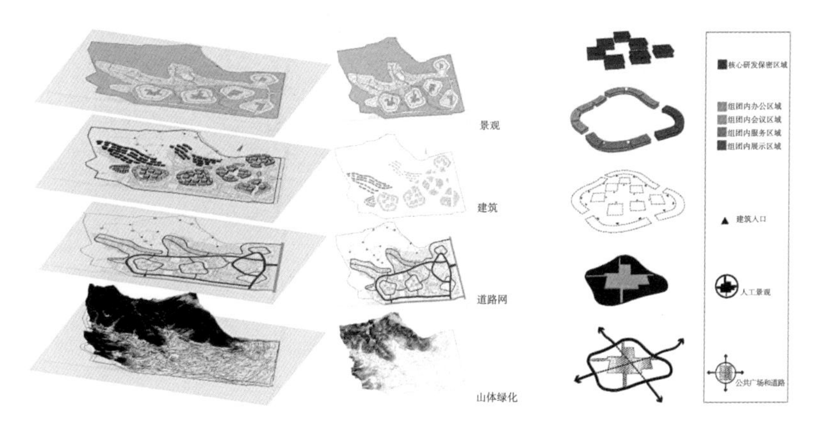

图 6-131 规划理念分析图

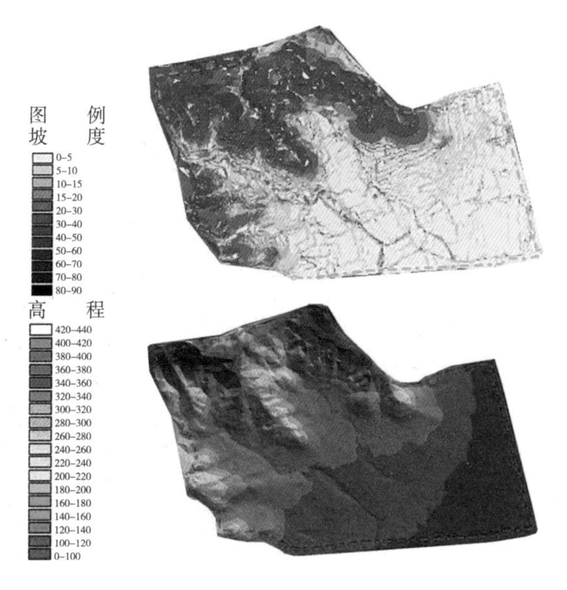

图 6-132 地形分析图

图 6-133 规划总平面图

图 6-134 规划鸟瞰图（a）

图 6-135 规划鸟瞰图（b）

图 6-136 规划鸟瞰图（c）

图 6-137 组团鸟瞰图

图 6-138 组团内街景透视图

图 6-139 组团内广场效果图

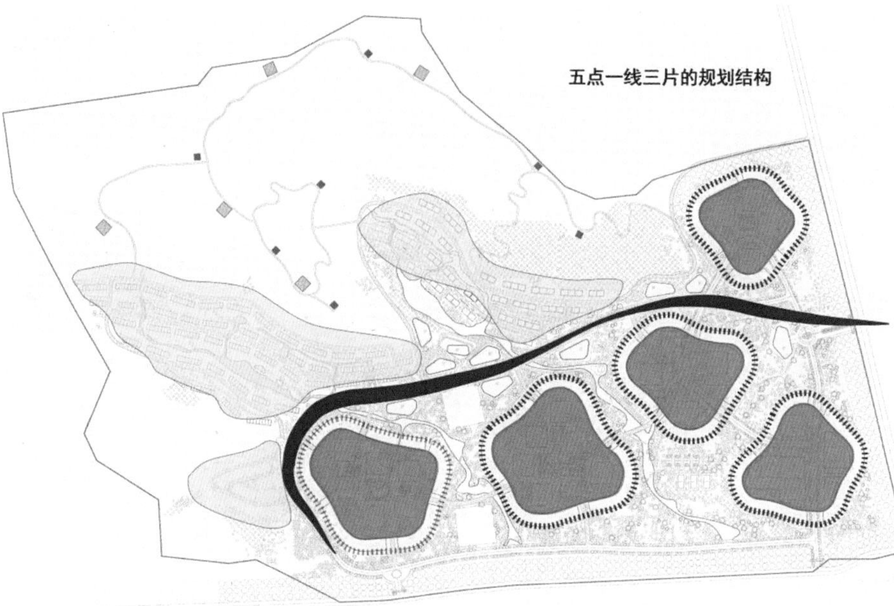

五点一线三片的规划结构

图 6-140 规划结构分析图

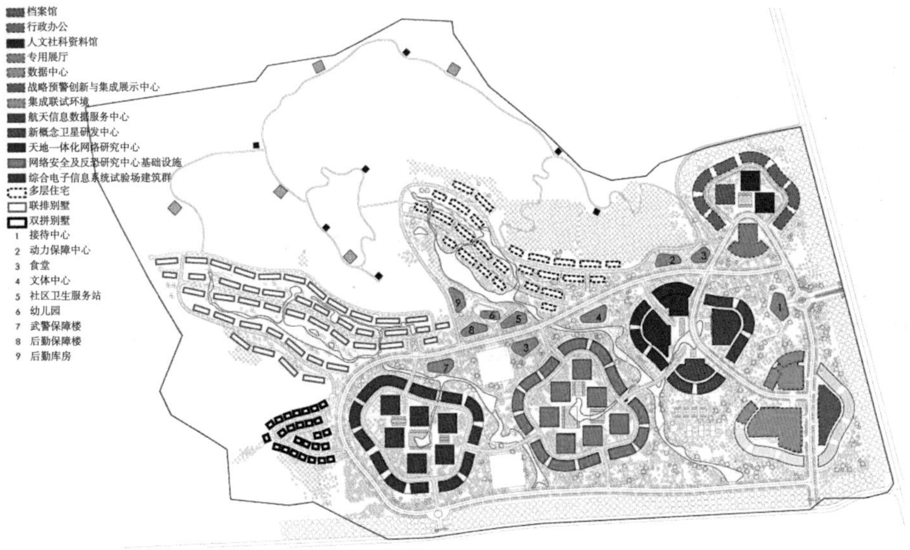

档案馆
行政办公
人文社科资料馆
专用展厅
数据中心
战略预警创新与集成展示中心
集成联试环境
航天信息数据服务中心
新概念卫星研发中心
天地一体化网络研究中心
网络安全及反恐研究中心基础设施
综合电子信息系统试验场建筑群
多层住宅
联排别墅
双拼别墅
1 接待中心
2 动力保障中心
3 食堂
4 文体中心
5 社区卫生服务站
6 幼儿园
7 武警保障楼
8 后勤保障楼
9 后勤库房

图 6-141 建筑功能分析图

3F
4F
5F
6F
9m
12m
16m
18m
20m

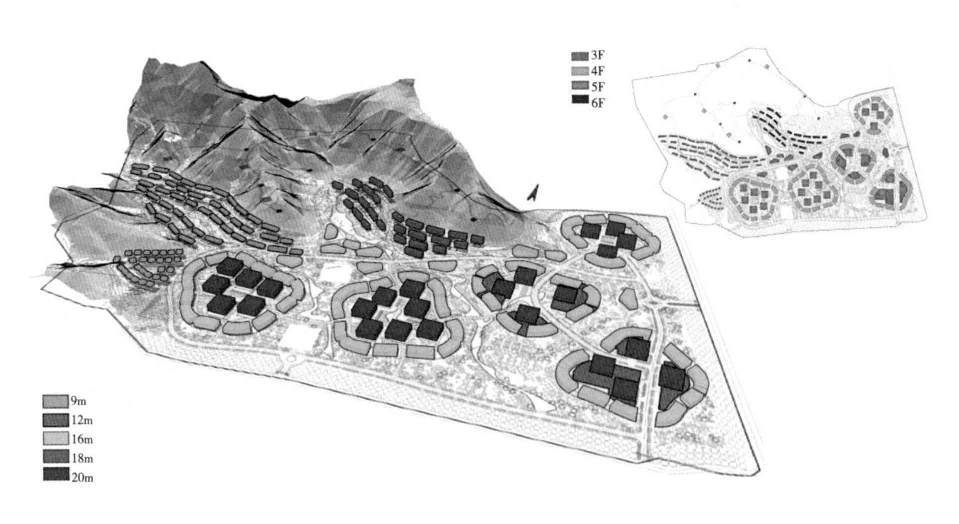

图 6-142 建筑高度分析图

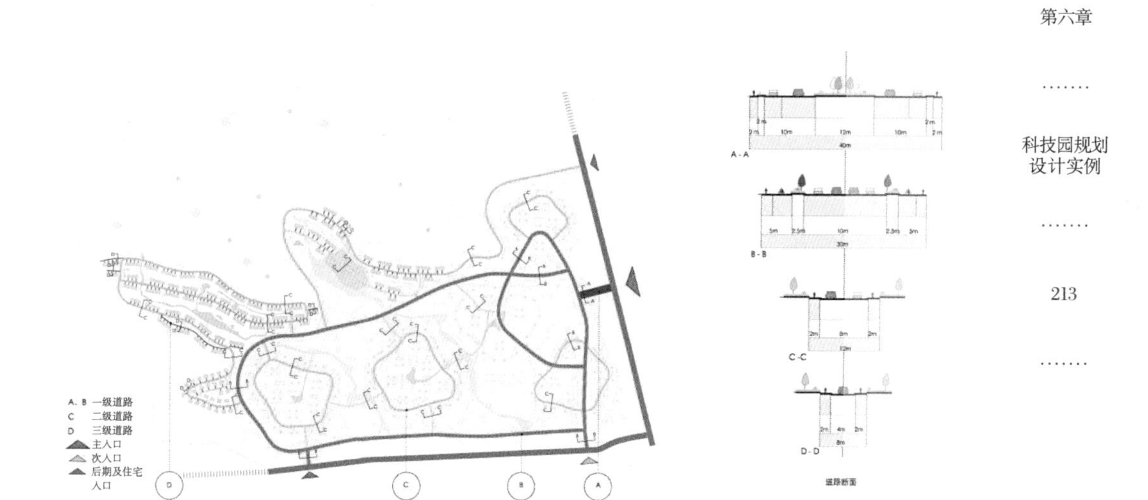

图 6-143 交通规划图

图 6-144 绿化系统分析图

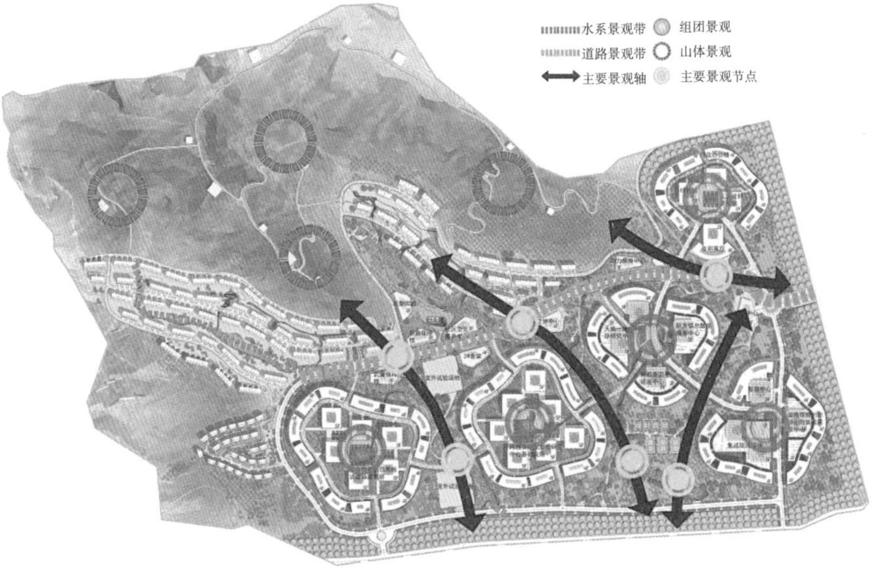

水系景观带 组团景观
道路景观带 山体景观
主要景观轴 主要景观节点

图 6-145 景观系统分析图

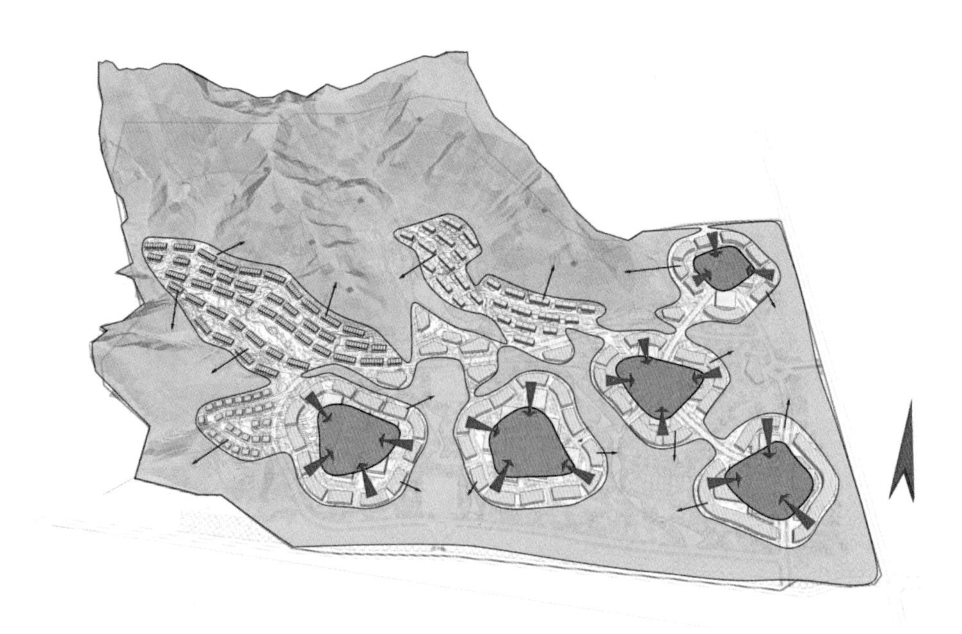

图 6-146 生态原则

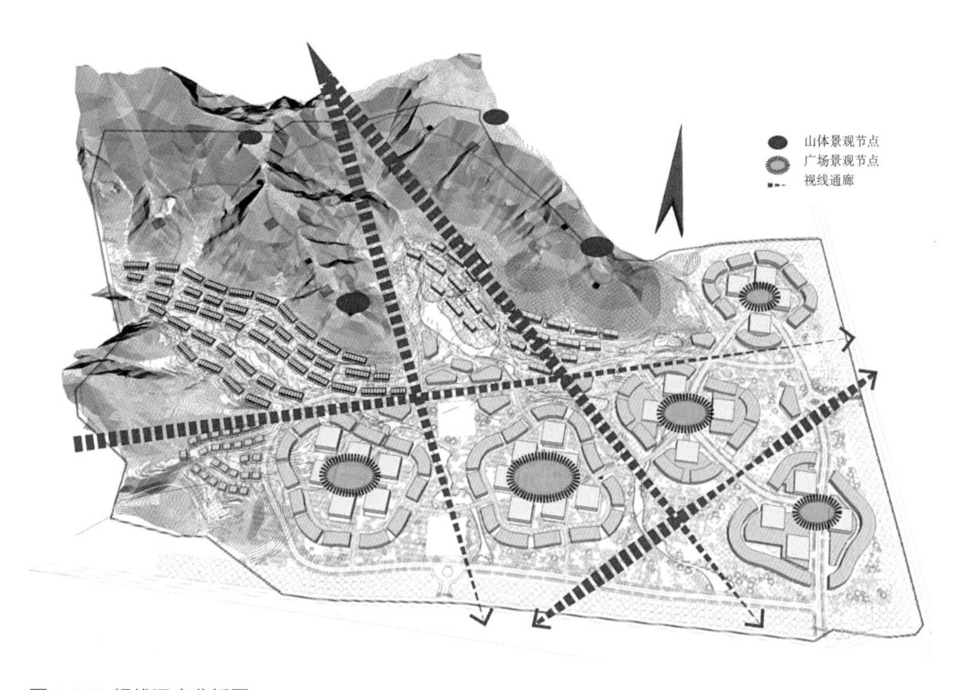

图 6-147 视线通廊分析图

通过风环境计算机模拟，无论是冬夏季合院内均有舒适的风环境，有较好的户外活动可能及较好的建筑自然通风。
由于项目的特殊地形环境将对基地内部分区域构成一定影响，分析区域范围主导风向的特点，对整体规划进行风环境模拟。规划布局使得在场地范围内形成了若干自然通风走廊和组团内部渗透风向通道，延续了场地方向的渐进，此外通过架空组团首层边界的方式改善组团内风环境，提升园区舒适度。提出环境才是软件园最重要的因素。

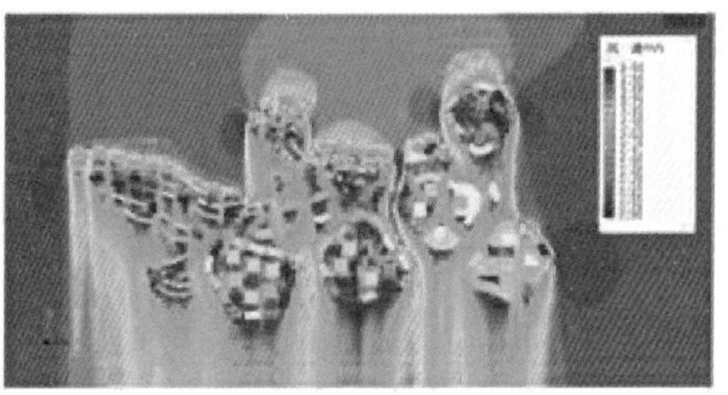

图 6-148 风环境分析

规划特点－提供灵活分期可能性

1、弹性

每一个组团都具有弹性，可分可合，适于分期建设。

可拆分

拆分成若干部分便于分期建设。

2、适宜性

适合不同种类的功能相互任意置换。

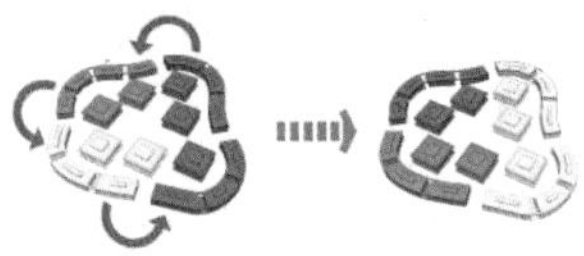

组团内部的置换

组团之间的置换

3、均好性

各组团均有良好的自然景观、自然通风与采光。

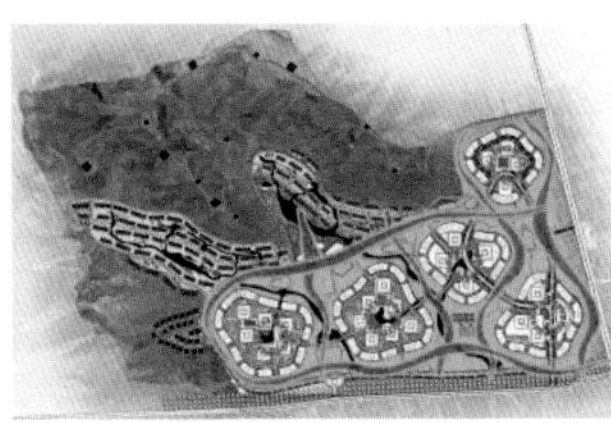

每个组团均被外部的景观围绕。每个组团内部也形成人工的景观节点。因此组团具有均好性。

图 6-149 灵活分期实施分析图

参考文献

外文文献

[1] SCOTTAJ, STORPER M. High technology industry and regional development: a theoretical critique and econstruction[J]. International Social Science Journal, 1987 (1): 215-230.

[2] AnnaLee Saxenian. Regional Advantage: Culture and Competition in Silicon Valley and Route 128[M]. Harward University Press, 1994.

[3] Knight R. Knowledge-based Development: Policy and Planning Imphcations for Cities[J]. Urban Studies, 1995, 32 (2): 225-260.

[4] Lynch K. Image of the City. Cambridge[M]. MIT Press, 1960.

[5] Lado A A, Boyd N G, Wright P. A Competency-Based Model of sustainable Competitive Advantage: Toward a Conceptual Integration[J]. Journal of Management, 1992, 18 (1): 77-91.

[6] Batty M. Accessibility: insearch of aunified theory[J]. Environment and Planning B: Planning and Design, 2009, 36: 191-194.

[7] Hillier B. Cities as Movement Economies[J]. Urban Design International, 1996, 1: 41-60.

[8] Hansen W. G. How Accessibility Shapes Land Use[J]. Journal of American Planning, 1959, 25: 73-76.

[9] Bunnell T G, Coe N M. Spaces and scales of innovation. Progress in Human Geography, 2001, 15 (4): 659-690.

[10] Wang Jici, Wang M. High and new technology industrial development zones PP Webber M J, Wang M, Zhu Y. Chinaps transition to a global economy. New York: Palgrave Macmillan. s Global Academic Publishing, 2002: 168-188.

[11] Cooper A C. The role of incubator organizations in the founding of growth-oriented firms[J].

Journal of Business Venturing，1985，34（3）：94-116.

[12] Rothschild L，Darr A. Technological incubators and the social construction of innovation network[J]. Technovation，2005，25（1）：59-69.

中文书目

[13]（美）M· 卡斯特尔，[英]P· 霍尔著 . 世界的高技术园区——21 世纪产业综合体的形成 [M]. 李鹏飞，范琼英等译 . 北京：北京理工大学出版社，1988.

[14]（英）埃比尼泽 · 霍华德著 . 明日的田园城市 [M]. 金经元译 . 北京：商务印书馆，2000.

[15]（美）安纳利 · 萨克森宁著 . 地区优势：硅谷和 128 公路的文化和竞争 [M]. 上海：上海远东出版社，2000.

[16]（美）埃弗雷特 ·M· 罗杰斯，[美] 朱迪思 ·K· 拉森 . 硅谷热 [M]. 范国鹰，刘西汉，崔工等译 . 北京：经济科学出版社，1985.

[17] 魏心镇，王缉慈等 . 新的产业空间：高技术产业开发的发展与布局 [M]. 北京：北京大学出版社，1993.

[18] 吴季松 . 21 世纪社会的新细胞——科技工业园 [M]. 上海：上海科技教育出版社，1995.

[19] 顾朝林 . 中国高技术产业与园区 [M]. 北京：中信出版社，1998.

[20] 牟宝柱 . 中国高新技术产业开发区理论与实践 [M]. 北京：中国物价出版社，1999.

[21] 俞孔坚 . 高科技园区景观设计——从硅谷到中关村 [M]. 北京：中国建筑工业出版社，2001.

[22] 夏征农 . 辞海（彩图本，部首，五卷本）[M]. 上海：上海辞书出版社，1999.

[23] 高丽华 . 超越中国制造——软件领军城市大连的崛起 [M]. 北京：中信出版社，2008.

[24] 陈洁萍 . 场地书写——当代建筑、城市、景观设计中扩散领域的地形学研究 [M]. 南京：东南大学出版社，2011.

[25] 马凯等 . 中华人民共和国国民经济和社会发展第十一个五年规划纲要 [M]. 北京：北京科学技术出版社，2006.

[26] 张平等 . 中华人民共和国国民经济和社会发展第十二个五年规划纲要 [M]. 北京：人民出版社，2011.

[27]（法）勒 · 柯布西耶著 . 雅典宪章 [M]. 施植明译 . 台北：田园城市文化事业有限公司，1996.

[28] 北京中关村软件园 . 空间与产业的交响—中关村软件园的建设探索 [M]. 北京：中国城市出版社，2015.

期刊论文

[29] 郁枫 . 基于 TOD 模式的科技园规划探析——以北京中关村科技园区 · 托普科技园规划为例 [J]. 规划

师，2010，26（7）：61-66.

[30] 费菁，傅刚．科技园和城市设计 [J]. 建筑学报，1996（5）：14-16.

[31] 俞孔坚，张东．生命细胞、景观格局与创新网络——中关村生命科学园规划 [J]. 建筑学报，2001（10）：37-40.

[32] 李仁伟．大学科技园功能布局和空间模式探讨——以清华大学科技园为例 [J]. 规划师，2005，21（2）：51-54.

[33] 袁朝晖．大学科技园外部空间设计 [J]. 中外建筑，2004（3）：61-63.

[34] 赵珂，赵刚．"非确定性"城市规划思想 [J]. 城市规划汇刊，2004（2）：33-36.

[35] 俞孔坚，周年兴，李迪华．不确定目标的多解规划研究——以北京大环文化产业园的预景规划为例 [J]. 城市规划，2004，28（3）：57-61.

[36] 温锋华，沈体雁．园区系统规划：转型时期的产业园区智慧发展之路 [J]. 规划师，2011，27（9）：15-19.

[37] 张烨．图论可达性 [J]. 建筑学报，2012（9）：71-76.

[38] 徐井宏．试论大学科技园的发展战略 [J]. 清华大学学报，2003，18（Z1）：38-41.

[39] 疏良仁，罗宁昌．海洋文化与企业文化的融合——北海国发海洋生物科技园设计 [J]. 规划师，2005，21（8）：29-31.

[40] 杨震宁，吴杰．不同功能分类科技园的资源供给差异研究 [J]. 科研管理，2011，32（9）：35-43.

[41] 王缉慈，陈平，马铭波．从创新集群的视角略论中国科技园的发展 [J]. 北京大学学报，2010，46（1）：147-154.

[42] 程春生，魏澄荣．战略性新兴产业发展的路径选择——以福建"安发生物科技园"为例 [J]. 金融经济，2011（18）：46-47.

[43] 张越．生命科学产业的聚集者和服务商——走进中关村生命科学园 [J]. 中关村，2015（4）：60-61.

[44] 李焱．中关村生命科学园——产业发展引领者 [J]. 投资北京，2007（9）：20-21.

[45] 李琦．青岛中欧生态科技园企业化运营策略研究 [D]. 青岛：中国海洋大学，2013.

[46] 王宏起，王丽娜．国外科技园区的比较研究和大学科技园发展因素分析 [J]. 技术经济，2001（8）：29-30.

[47] 刘曙光，刘子玉．国外生物科技园区发展模式研究 [J]. 世界地理研究，2002，11（2）：54-58.

[48] 何忠伟，蒋和平，符少辉，陈艳芬．我国农业科技园的发展与对策分析 [J]. 中国农业科技导报，2004，6（2）：57-60.

[49] 樊晨晨，陈益升．大学科技园在中国的崛起 [J]. 科研管理，2000，21（6）：101-106.

[50] 夏英，张勇，贾芳，高敏．大学科技园：历史、现状及未来趋势 [J]. 成都理工大学学报，2015，23（4）：105-108.

[51] 马仁锋，张海燕，袁新敏．大学科技园与地方全面融合发展案例解读 [J]. 科技进步与对策，2011，28（3）：42-46.

[52] 安宁，王宏起．国际典型大学科技园发展模式的比较研究 [J]. 科技管理研究，2008（1）：67-68.

[53] 李红宇．新常态下我国大学科技园功能实现路径研究 [J]. 中原工学院学报，2015，26（2）：90-93.

[54] 蔡勇志．台湾新竹科技园衰落原因探析 [J]. 亚太经济，2013（4）：132-135.

[55] 何伟．我国农业科技园研究综述与展望 [J]. 农业科技，2005（2）：32-33.

[56] 王伟，章胜辉．印度班加罗尔软件科技园投融资环境及模式研究 [J]. 亚太经济，2011（1）：97-100.

[57] 楚华．中关村生命科学园探访 [J]. 首都经济，2001（4）：39-40.

[58] 徐九武．中国的高技术产业开发区 [J]. 中国科技信息，1991（6）：4-5.

[59] 浩然．走进世界五大科技园 [J]. 新经济导刊，2012（5）：48-52.

[60] 袁胜军，赵相忠．大学科技园文献研究 [J]. 中国高校科技，2011（7）：58-61.

[61] 原长弘，贾一伟．国内大学科技园研究文献综述：1995——2002[J]. 研究与发展管理，2004，16（3）：90.

[62] 杨震宁，王以华．国内外科技园的优势匹配及操作分工 [J]. 改革，2008（2）：95-100.

[63] 韩立民．建设海洋科技园加快海洋高技术产业发展 [J]. 中国高新技术企业，1997（Z2）：32-34.

[64] 申秀清，修长柏．借鉴国外经验发展我国农业科技园区 [J]. 现代经济探讨，2012（11）：78-81.

[65] 陈益升．民营科技园（区）在中国的崛起 [J]. 科学对社会的影响，1998（3）：51-56.

[66] 李文君．《国家大学科技园“十二五”发展规划纲要》解读——访科技部创新体系建设办公室主任徐建国 [J]. 教育与职业，2012（4）：48-49.

[67] 何晋秋．“十一五”期间大学科技园的建设与发展思考——充分发挥大学科技园的优势提高我国自主创新能力 [J]. 中国高校科技与产业化，2008（Z1）：26-31.

[68] 俞安平．大学科技园在长江三角区域经济转型中的地位与作用研究 [J]. 科学发展，2010（2）：68-74.

[69] 周霞，章红虹．浅谈民营科技园的建立模式及管理体制 [J]. 软件学，2003，17（3）：52-54.

[70] 吴声怡，邓燕雯，曹仁稳．S 生态观：农业科技园区的文化整合与创新 [J]. 技术经济，2006，25（10）：61-67.

[71] 夏英．明确功能定位，进一步发挥大学科技园对区域经济发展的促进作用 [J]. 西部经济管理论坛，2015，26（3）：66-70.

[72] 李同升，王武科．农业科技园技术扩散的机制与模式研究——以杨凌示范区为例 [J]. 世界地理研究，2008，17（1）：53-59.

[73] 辛岭．小农户科技园：现代农业技术推广模式探索——基于内蒙古和林格尔县的案例分析 [J]. 农业经济问题，2011（5）：33-38.

[74] 陈安国．低碳科技园建设中的问题及对策建议 [J]. 上海商学院学报，2010，11（3）：2-5.

[75] 袁芳，万云江，于少康等．水土保持生态科技园区规划设计研究——以赣州清洗水保生态科技园为例 [J]. 中国水土保持，2014（7）：12-15.

[76] 曹健林．加强软件科技创新提高自主创新能力 [J]. 中国科技产业，2007（2）：8-9.

[77] 郑庭义．农业大学科技园的功能定位及发展策略——以华南农业大学科技园建设为例 [J]. 科技管理研究，2011（9）：96-99.

[78] 邵昱，童晶．国内外"田园城市"研究综述及对成都探索构建"世界现代田园城市"的初步思考 [J]. 成都行政学院学报，2010（1）：24-30.

[79] 同丽嘎，宁小莉，张靖．基于多功能景观服务的城市绿地服务半径研究—以包头市为例 [J]. 内蒙古大学学报，2013（1）：43-49.

报纸

[80] 刘曙光，刘子玉．国外生物科技园区发展模式及启示 [N]. 中国高技术产业导报，2003-03-26（7）.

[81] 徐恒．武汉光谷软件园：比较优势打造外包重镇 [N]. 中国电子报，2008-9-4（011）.

[82] 刘桂萍．建设高水准软件科技园服务高科技企业 [N]. 科技日报，2006-11-29（7）.

会议论文

[83] 刘巍，徐刚，杨超．当时当地——无锡（太湖）科技园核心区城市设计 [A]. 城市时代，协同规划——2013 中国城市规划年会论文集 [C]，2013.

[84] 刘峰，谢兴保．软件科技园建筑设计的特点 [A]. 建筑与地域文化国际研讨会暨中国建筑学会 2001 年学术年会论文集 [C]，2001.

[85] 俞剑光．科技创新空间研究——中关村生命科学园城市设计 [A]. 城乡治理与规划改革——2014 中国城市规划年会论文集 [C]，2014.

[86] 边鹏，张翔．基于产业发展不确定性科技园区规划初探——以（紫金）高淳国际企业研发园城市设计为例创新特区城市设计为例 [A]. 城市时代，协同规划——2013 中国城市规划年会论文集 [C]，2013.

[87] 梁有赜，陈亮．"创新"视角下的新产业园区空间组织探索——以南京软件园暨紫金（浦口）创新特区城市设计为例 [A]. 城市时代，协同规划——2013 中国城市规划年会论文集 [C]，2013.

学位论文

[88] 刘标 . 中关村专业科技园区的规划、开发与管理研究 [D]. 北京：清华大学，2005.

[89] 李仁伟 . 大学科技园分园建设及选址要素探讨 [D]. 北京：清华大学，2004.

[90] 王晓冰 . 信息时代的高科技园——软件园的规划与建筑设计初探 [D]. 天津：天津大学，2004.

[91] 杨德进 . 大都市新产业空间发展及其城市空间结构响应 [D]. 天津：天津大学，2012.

[92] 黄昱 . 高科技园区功能结构及其空间形态研究 [D]. 杭州：浙江大学，2006.

[93] 顾列英 . 科技园区的交往空间设计研究 [D]. 杭州：浙江大学，2012.

[94] 徐鑫 . 大学科技园规划与设计研究 [D]. 杭州：浙江大学，2001.

[95] 张宁 . 大学科技园建筑外部空间环境营造研究 [D]. 武汉：华中科技大学，2012.

[96] 顾彦杰 . 大学科技园功能研究 [D]. 上海：同济大学，2008.

[97] 冯伟 . 大学科技园适应性规划设计模式的探索研究 [D]. 西安：西安建筑科技大学，2007.

[98] 马津 . 北大科技园发展战略研究 [D]. 北京：北京邮电大学，2012.

[99] 王欧 . 农业科技园区发展研究——理论、模式与评价 [D]. 北京：中国农业大学，2003.

[100] 袁朝晖 . 大学科技园的外部空间设计研究 [D]. 长沙：湖南大学，2004.

[101] 杜易 . 邓小平的科技思想研究 [D]. 吉林：吉林大学，2015.

[102] 蒋慧敏 . 大学科技园的理论与实践探讨——以江苏大学科技园为例 [D]. 南京：南京理工大学，2007.

[103] 段浪 . 大学科技园核心竞争力研究 [D]. 长沙：中南大学，2012.

[104] 薛建鹏 . 农业大学科技园发展模式研究 [D]. 杨凌：西北农林科技大学，2005.

[105] 孟欢欢 . 农业科技园示范带动能力评价及影响因素分析——以西北传统农区为例 [D]. 西安：西北大学，2014.

[106] 龙宗娅 . 耒阳蔡伦农业科技园的规划设计与建议 [D]. 长沙：湖南农业大学，2012.

[107] 田新豹 . 北京小汤山农业科技园发展总部经济研究 [D]. 北京：北京林业大学，2007.

[108] 刘国绚 . 高科技园生活区公共空间设计研究——以富士康成都科技园西南三期项目为例 [D]. 成都：西南交通大学，2010.

[109] 崔梦雪 . 科技园环境艺术研究——以武汉光谷生物城户外非正式交流空间设计为例 [D]. 武汉：华中科技大学，2010.

[110] 包玉 . 高新科技园商业广场景观设计研究——基于“场所精神”的探索 [D]. 上海：华东理工大学，2013.

[111] 辛皓 . 邓小平科技战略思想研究 [D]. 锦州：渤海大学，2013.

[112] 孙东伟 . 论邓小平的科技产业化思想 [D]. 石家庄：河北师范大学，2014.

[113] 高骆秋 . 基于空间可达性的山地城市公园绿地布局探讨 [D]. 重庆：西南大学，2010.

后记

我从北京中关村软件园国际竞赛中标以来，接触科技园规划与城市设计的项目较多，在实践中虽然积累了大量的经验，但真正要把这些写出来还是比较困难的。中国科技园的发展不仅是一个项目、一个规划那么简单，它们是国家政策、经济、文化、产业等诸多方面的集合。而且随着国家经济的发展也在不断地发生变化，北京中关村软件园一期到二期的规划即是科技园发展的缩影。

以空间结构作为切入点研究科技园给自己带来了诸多挑战，通过对已经建成的科技园区采取逆向的操作方式来探讨其空间结构是否合理着实是个难题。主要是目前国内可以借鉴的研究素材几乎为空白，从确定研究方向到本书写作完成经历了近一年半的时间，期间查阅了国内外相关研究资料，还要去阅读大量有关经济、产业、国家政策看似关联不大，却又跟本书写作有着千丝万缕关系的图书。写作的过程也是再学习的过程。

从科技园这样一个大的研究范畴到最终确定研究其空间结构确实是一个崭新的视角，期间多次陷入困境，在华中科技大学建筑与城市规划学院汪原教授的大力支持下本书才得以顺利完成。从最初确定研究方向、进行实地调研、确定具体切入点，以及写作和调整的整个过程都凝聚着汪原教授的大量心血。

同时也感谢周卫教授、姜梅副教授、彭雷副教授等诸多学者大公无私的奉献！感谢这么多年国外与国内一起工作的学者、规划师和建筑师们，在实践中我也得到了非常宝贵的经验，在交流中受益匪浅。

最后仅以此书献给在中国发展过程中辛勤工作的规划师与建筑师，将一些经验与大家分享，并希望在未来的工作中共同发展。

2016年7月20日于北京